普通高等教育"十一五"规划教材

食品分析实验

刘 杰 主编

张 添 曾 洁 副主编

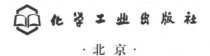

化学工业出版社

·北京·

本教材参照国家有关法定标准方法，精选了食品营养成分、食品添加剂、食品中有毒有害成分及污染物等常用质量指标测定 28 个实验。实验方法原理包括重量法、滴定法、比色法等传统方法和气相色谱法、液相色谱法、原子吸收分光光度法、酶联免疫法等现代检测技术，实验内容重在训练学生全面而系统的食品分析检测实验动手能力，培养学生分析问题和解决问题的能力，因此该教材也是《食品分析》课程的延伸和拓展。

本教材可作为大专院校食品科学与工程、食品质量与安全专业或其他相关专业学生进行有关食品分析实验时的实验指导书或参考资料。

图书在版编目（CIP）数据

食品分析实验/刘杰主编．—北京：化学工业出版社，2009.7（2023.8 重印）

普通高等教育"十一五"规划教材

ISBN 978-7-122-05631-3

Ⅰ．食…　Ⅱ．刘…　Ⅲ．①食品分析②食品检验

Ⅳ．TS207.3

中国版本图书馆 CIP 数据核字（2009）第 077239 号

责任编辑：赵玉清　　　　　　　　　文字编辑：周　偶
责任校对：吴　静　　　　　　　　　装帧设计：王晓宇

出版发行：化学工业出版社（北京市东城区青年湖南街 13 号　邮政编码 100011）
印　　装：涿州市般润文化传播有限公司
720mm×1000mm　1/16　印张 7¼　字数 131 千字　2023 年 8 月北京第 1 版第 9 次印刷

购书咨询：010-64518888　　　　　　售后服务：010-64518899
网　　址：http://www.cip.com.cn
凡购买本书，如有缺损质量问题，本社销售中心负责调换。

定　　价：25.00 元

前　言

　　《食品分析实验》是一门培养学生动手能力、获得有效实验数据、保证食品检测质量的食品专业实验课程，作为《食品分析》课堂教学内容的补充，对学生理解食品分析方法的原理和提高动手能力大有好处。自 1983 年无锡轻工业学院（江南大学的前身）食品分析专业第一次开设此课程以来，每年都在实验教学内容、教学方法等方面进行更新和完善，经过许多教师的不断完善和补充，逐渐形成系统、科学、先进、有效、开拓的鲜明特色。为做到分析方法和实验技能的结合，传统和现代仪器分析方法的结合，国家标准方法和实用工厂方法的结合，选修与必修内容的结合，在参考国家最新食品分析标准方法和其他实验书籍的基础上，我们根据江南大学原有实验讲义，并与国内多所食品院校联合编写了本书。考虑到食品分析课程结构中实验教学部分一般在 32 学时左右，各校实验室检测条件和仪器配置情况不同，我们安排了 28 个实验，供各校根据自己的实际情况选择开设。在内容上，不但介绍各种食品分析的方法和原理，也在实验技能上给学生指导；在形式上，采用提出问题和注意点的方式，让学生在动手的同时动脑。

　　本书编写人员长期从事食品分析的实践教学，具有丰富的食品理化分析实践教学能力和动手操作能力。由刘杰（江南大学）任主编，张添（江南大学）、曾洁（河南科技学院）任副主编。参与本书编写的还有：河南科技学院高海燕，中国药科大学杨志萍，西北农林大学赵旭博，郑州轻工业学院章银良等。

　　尽管本书以使用二十多年的实验讲义为基础，成书过程仍难免存有疏漏或不足之处，恳请读者批评指正。

编者

2009 年 4 月

目　录

第一章 实验条件

第一节 实验需知

一、培养良好的实验习惯

《食品分析实验》侧重食品理化检测的数据，而重点在于准确性和可靠性，这就需要实验者具有良好的实验习惯。

(1) 预习。进入实验室前应预习实验内容，掌握实验原理和方法。

(2) 保持整洁卫生的实验场所。学生养成保持实验室、实验台面整洁卫生的实验习惯，仪器试剂摆放有序，使用得心应手，可使实验内容一目了然，不易出错。实验结束打扫卫生。

(3) 严格规范的实验操作。严格规范的实验操作并不会抑制学生的创造能力，学生可在实验方案上进行创新，但必须遵循实验条件（可以微调），基本实验操作必须按照规范执行，这样才能保证完成实验，保证数据的可靠性。

(4) 对实验过程的仔细观察。课程实验不可能大量重复，因此实验结果并不重要，关键是观察实验过程各个因素对实验结果的影响。评估自己实验技能不足并能提出改进，是对食品分析方法和原理的灵活应用。

(5) 全面严谨的实验记录。在实验报告上，要反映实验条件、实验原料、实验原始数据记录、实验中间现象。

二、注意人身安全

《食品分析实验》理化检测时用大量的化学试剂，有的有毒，有的有腐蚀性，有的易燃易爆，在使用时要注意人身安全。

(1) 进入实验室要穿工作防护服，实验结束后认真洗手、洗脸。要学习防护知识，发生意外必须立即报告老师，及时处理。

(2) 了解各种试剂的性质。有毒试剂应用专门的容器专门储放，取用特别注意，防止意外。

(3) 注意试剂的安全使用。有毒试剂的器皿要专门处理，有腐蚀性试剂的标签要注明，使用时注意防护。易燃易爆试剂要防止明火。

(4) 注意废旧试剂的回收和环保问题。

三、发扬团队合作精神

《食品分析实验》理化检测以个人动手为主，但也涉及共用仪器设备，因为许多实验与时间因素有关，这就需要团队配合有序、合作完成。

第二节 实验仪器、设备和药品

一、实验常用仪器

(一) 分析天平

1. 电光分析天平的使用方法

(1) 用前检查：称量前，先将天平罩取下叠好，检查天平是否处于水平状态，天平盘上是否清洁，必要时用软毛刷清扫干净，检查天平各部件是否正常。

(2) 天平零点的测定和调整：在称量样品前，还要对天平零点进行测定和调整。

(3) 称量方法：将被称的物品从天平的左门放于左盘中央，估计物品大约质量（也可先放在台秤上进行粗称），然后按砝码取用规则加减砝码，至指针摆动较缓慢，才可全开升降旋钮，等待投影屏上标尺图像停止移动后才可读数。一般调整数字盘使投影屏上读数在 0~10mg 范围内。此时，可读取被称物体的质量（读准至 0.1mg）。

2. 使用电光分析天平的注意事项

(1) 在旋转升降旋钮时必须缓慢、轻开轻关，即可防止吊耳脱落，又能保护玛瑙刀口。取放物体、加减砝码时，都必须关闭天平，托起横梁，以免损坏玛瑙刀口。

(2) 称量时，应先关好两个侧门，天平前门不要随便打开，以防呼出的热量、水蒸气和二氧化碳气流影响称量（前门主要供装调天平时用）。

(3) 热的或过于冷的物体不能直接放到天平上称量，要先在干燥器中冷至室温后再称量。样品不能直接放在秤盘上，应根据样品性能选用适当的称量器皿称量。

(4) 同一实验应使用同一台天平及其配套使用的同一盒砝码。

(5) 不能使天平载重超过最大负载。开启开关不能用力过猛。

(6) 称量数据应及时记在实验记录本上。

(7) 称量完毕，应检查天平横梁是否已托起，砝码是否归位，天平内外是否清洁，关闭天平门，切断电源，然后罩好护罩。

(8) 天平安装好后，不能随便乱动，应保持天平处于水平状态。为了防潮，天平箱内应放有吸湿用的干燥剂，如变色硅胶。干燥剂应定期检查是否失效，保持良好的吸湿性能。

3. 电子天平的使用方法

(1) 使用前检查天平是否水平，调整水平。

(2) 称量前接通电源预热 30min。

(3) 校准。首次使用天平必须校准天平。将天平从一地移到另一地使用时或在使用一段时间（30 天左右）后，应对天平重新校准。为使称量更为精确，亦可随时对天平进行校推。用内装校准砝码或外部自备有修正值的校准砝码进行。

(4) 称量。按下显示屏的开关键，待显示稳定的零点后，将物品放到秤盘上，关上防风门。显示稳定后即可读取称量值。操纵相应的按键可以实现"去皮"、"增重"、"减重"等称量功能。

4. 电子天平的使用注意事项

(1) 电子天平在安装之后、称量之前必不可少的一个环节是"校准"。这是因为电子天平是将被称物的质量产生的重力通过传感器转换成电信号来表示被称物的质量的。称量结果实质上是被称物重力的大小，故与重力加速度有关，称量值随纬度的增高而增加。另外，称量位还随海拔的升高而减小。因此，电子天平在安装后或移动位置后必须进行校准。

(2) 电子天平开机后需要预热较长一段时间（至少 0.5h 以上），才能进行正式称量。

(3) 电子天平的积分时间也称为测量时间或周期时间，有几挡可供选择，出厂时选择了一般状态，如无特殊要求不必调整。

(4) 电子天平的稳定性监测器是用来确定天平摆动消失及机械系统静止程度的器件。当稳定性监测器表示达到要求的稳定性时，可以读取称量值。

(5) 在较长时间不使用的电子天平应每隔一段时间通电一次，以保持电子元器件干燥，特别是湿度大时更应该经常通电。

(二) 阿贝折射仪

1. 阿贝折射仪的使用方法

(1) 仪器安装：将阿贝折射仪安放在光亮处，但应避免阳光的直接照射，以免液体试样受热迅速蒸发。用超级恒温槽将恒温水通入棱镜夹套内，检查棱镜上温度计的读数是否符合要求 [一般选用 (20.0±0.1)℃或 (25.0±0.1)℃]。

(2) 加样：旋开测量棱镜和辅助棱镜的闭合旋钮，使辅助棱镜的磨砂斜面处于水平位置，若棱镜表面不清洁，可滴加少量丙酮，用擦镜纸顺单一方向轻擦镜面（不可来回擦）。待镜面洗净干燥后，用滴管滴加数滴试样于辅助棱镜的毛镜面上，迅速合上辅助棱镜，旋紧闭合旋钮。若液体易挥发，动作要迅速，或先将两棱镜闭合，然后用滴管从加液孔中注入试样（注意切勿将滴管折断在孔内）。

（3）调光：转动镜筒使之垂直，调节反射镜使入射光进入棱镜，同时调节目镜的焦距，使目镜中十字线清晰明亮。调节消色散补偿器使目镜中彩色光带消失。再调节读数螺旋，使明暗界面恰好同十字线交叉处重合。

（4）读数：从读数望远镜中读出刻度盘上的折射率数值。常用的阿贝折射仪可读至小数点后的第四位。为了使读数准确，一般应将试样重复测量三次，每次相差不能超过 0.0002，然后取平均值。

2. 阿贝折射仪的使用注意事项

阿贝折射仪是一种精密的光学仪器，使用时应注意以下几点。

（1）使用时要注意保护棱镜，清洗时只能用擦镜纸而不能用滤纸等。加试样时不能将滴管口触及镜面。对于酸碱等腐蚀性液体不得使用阿贝折射仪。

（2）每次测定时，试样不可加得太多，一般只需加 2～3 滴即可。

（3）要注意保持仪器清洁，保护刻度盘。每次实验完毕，要在镜面上加几滴丙酮，并用擦镜纸擦干。最后用两层擦镜纸夹在两棱镜镜面之间，以免镜面损坏。

（4）读数时，有时在目镜中观察不到清晰的明暗分界线，而是畸形的，这是由于棱镜间未充满液体；若出现弧形光环，则可能是由于光线未经过棱镜而直接照射到聚光透镜上。

（5）若待测试样折射率不在 1.3～1.7 范围内，则阿贝折射仪不能测定，也看不到明暗分界线。

3. 阿贝折射仪的校正和保养

阿贝折射仪的刻度盘的标尺零点有时会发生移动，须加以校正。校正的方法一般是用已知折射率的标准液体，常用纯水。通过仪器测定纯水的折光率，读取数值，如同该条件下纯水的标准折光率不符，调整刻度盘上的数值，直至相符为止。也可用仪器出厂时配备的折光玻璃来校正，具体方法可按仪器说明书操作。

阿贝折射仪使用完毕后，要注意保养。应清洁仪器，如果光学零件表面有灰尘，可用高级鹿皮或脱脂棉轻擦后，再用洗耳球吹去。如有油污，可用脱脂棉蘸少许汽油轻擦后再用乙醚擦干净。用毕将仪器放入有干燥剂的箱内，放置于干燥、空气流通的室内，防止仪器受潮。搬动仪器时应避免强烈振动和撞击，防止光学零件损伤而影响精度。

（三）旋光仪

1. 旋光仪的使用方法

首先打开钠光灯，稍等几分钟，待光源稳定后，从目镜中观察视野，如不清楚可调节目镜焦距。

选用合适的样品管并洗净，充满蒸馏水（应无气泡），放入旋光仪的样品管槽中，调节检偏镜的角度使三分视野消失，读出刻度盘上的刻度并将此角度作为旋光仪的零点。

零点确定后，将样品管中的蒸馏水换为待测溶液，按同样方法测定，此时刻度盘上的读数与零点时读数之差即为该样品的旋光度。

2. 使用注意事项

（1）旋光仪在使用时，需通电预热几分钟，但钠光灯使用时间不宜过长。

（2）旋光仪是比较精密的光学仪器，使用时，仪器金属部分切忌沾污酸碱，防止腐蚀。

（3）光学镜片部分不能与硬物接触，以免损坏镜片。不能随便拆卸仪器，以免影响精度。所有镜片，包括测试管两头的护片玻璃都不能用手直接揩拭，应用柔软的绒布或镜头纸揩拭。

（4）旋光度与旋光管的长度成正比。旋光管通常有 10cm、20cm、22cm 三种规格。经常使用的为 10cm 的。但对旋光能力较弱或者较稀的溶液，为提高准确度，降低读数的相对误差，需用 20cm 或 22cm 的旋光管。测试管应轻拿轻放，小心打碎。

（5）只能在同一方向转动度盘手轮时读取始、末示值，决定旋光角，而不能在来回转动度盘手轮时读取示值，以免产生回程误差。

（四）分光光度计

1. 可见分光光度计的使用方法

（1）首先接通电源，打开电源开关，指示灯亮，打开比色皿暗箱盖。预热 20min。

（2）旋转波长选择旋钮，选择所需用的单色光波长，旋转灵敏度旋钮，选择所需用的灵敏挡。

（3）将选择开关置于"T"。

（4）打开试样室盖，调节 0% 旋钮，使数字显示为"0.000"。将比色皿暗箱盖合上，调节 100% 旋钮，使数字显示为"100"。按上述方法连续几次调整零位和 100% 位，即可进行测定工作。

（5）将选择开关置于"A"，放入比色皿，将比色皿暗箱盖合上，推进比色皿拉杆，使参比比色皿处于空白校正位置，使光电管见光，旋转吸光度调节旋钮，使指针准确处于 0.000，然后将被测溶液置于光路中，数字显示值即为被测溶液的吸光度。

2. 紫外分光光度计（光栅型，测定波长 200～800nm）的使用方法

（1）将灵敏度旋钮调到"1"挡（放大倍数最小）。

（2）打开电源开关，钨灯点亮，预热 30min 即可测定。若需用紫外光则打开"氢灯"开关，再按氢灯触发按钮，氢灯点亮，预热 30min 后使用。

（3）将选择开关置于"T"。

（4）打开试样室盖，调节 100％旋钮，使数字显示为"100"。

（5）调节波长旋钮，选择所需测的波长。

（6）将装有参比溶液和被测溶液的比色皿放入比色皿架中。

（7）盖上样品室盖，使光路通过参比溶液比色皿，将选择开关调至"A"，调节吸光度旋钮，使数字显示为"000.0"。如果显示不到，可适当增加灵敏度的挡数。然后将被测溶液置于光路中，数字显示值即为被测溶液的吸光度。

（8）若将选择开关调至"C"，将已知标定浓度的溶液置于光路，调节浓度旋钮使数字显示为标定值，再将被测溶液置于光路，则可显示出相应的浓度值。

3. 分光光度计的使用注意事项

（1）测定波长在 360nm 以上时，可用玻璃比色皿；波长在 360nm 以下时，要用石英比色皿。比色皿外部要用吸水纸吸干，不能用手触摸光面的表面。

（2）仪器配套的比色皿不能与其他仪器的比色皿单个调换。如需增补，应经校正后方可使用。

（3）开关样品室盖时，应小心操作，防止损坏光门开关。

（4）不测量时，应使样品室盖处于开启状态，否则会使光电管疲劳，数字显示不稳定。

（5）当光源波长调整幅度较大时，需稍等数分钟才能工作。因光电管受光后，需有一段响应时间。

（6）仪器要保持干燥、清洁。

（五）酸度计

1. 酸度计测定 pH 的使用方法

（1）在测定溶液 pH 值时，将 pH 电极、参比电极和电源分别插入相应的插座中，将功能开关按钮调节至 pH 位置。

（2）仪器接通电源预热 30min（预热时间越长越稳定）后，将所有电极插入 pH 6.86 标准缓冲溶液中，平衡一段时间，待读数稳定后，调节定位调节器，使仪器显示 6.86。

（3）用蒸馏水冲洗电极并用吸水纸擦干后，插入 pH 4.01 标准缓冲溶液中，待读数稳定后，调节斜率调节器，使仪器显示 4.01，仪器就校正完毕。

为了保证精度，建议以上（2）、（3）两个标定步骤重复 1～2 次。一旦仪器校正完毕，"定位"和"斜率"调节器不得有任何变动。

（4）用蒸馏水冲洗电极并用吸水纸擦干后，插入样品溶液中进行测量。

说明：若测定偏碱性的溶液时，应用 pH 9.18 标准缓冲溶液来校正仪器。

为了保证 pH 值的测量精度，要求每次使用前必须用标准溶液加以校正，注意校正时标准溶液的温度与状态（静止还是流动）和被测液的温度与状态要尽量一致。

在使用过程中，遇到下列情况时仪器必须重新标定：①换用新电极；②"定位"或"斜率"调节器变动过。

2. 酸度计的维护与使用注意事项

（1）仪器的输入端（包括玻璃电极插座与插头）必须保持干燥清洁。

（2）新玻璃 pH 电极或长期干储存的电极，在使用前应在蒸馏水中浸泡 24h 后才能使用。

（3）pH 电极在停用时，应将电极的敏感部分浸泡在蒸馏水中。这对改善电极响应迟钝和延长电极寿命是非常有利的。

（4）在使用复合电极时，溶液一定要超过电极头部的陶瓷孔，电极头部若沾污可用医用棉花轻擦。

（5）玻璃 pH 电极和甘汞电极在使用时，必须注意内电极与球泡之间及参比电极内陶瓷芯附近是否有气泡存在，如有必须除去气泡。

（6）用标准溶液标定时，首先要保证标准缓冲溶液的精度，否则将引起严重的测量误差。标准溶液最好用国家规定的几种 pH 标准缓冲溶液。

（7）忌用浓硫酸或铬酸洗液洗涤电极的敏感部分，不可在无水或脱水的液体（如四氯化碳、浓酒精）中浸泡电极，不可在碱性或氟化物的体系、黏土及其他胶体溶液中放置时间过长，以致响应迟钝。

（8）常温电极一般在 5～60℃ 温度范围内使用，如果在低于 5℃ 或高于 60℃ 时使用，请分别选用特殊的低温电极或高温电极。

（9）工作条件：环境温度为 5～45℃，相对湿度为小于 85%。

3. 玻璃电极使用注意事项

（1）玻璃电极使用前，必须在蒸馏水中浸泡 24h 以上，使电极活化。短时间不用时，应浸泡在蒸馏水中。

（2）切不可与硬物接触，因其一旦破裂则完全丧失作用。安装电极时，应使甘汞电极的下端稍低于玻璃泡，以防止玻璃泡碰到烧杯底部而破碎。切勿使搅拌子或玻璃棒与球泡相碰。

（3）测量碱性溶液时，应尽快操作，用毕立即用蒸馏水冲洗。

（4）玻璃泡不可沾有油污。如沾上油污，应先浸入酒精中，再放入乙醚中，后移入酒精中，最后用蒸馏水冲洗干净。

（六）烘箱

1. 电热干燥箱使用方法

不同厂家生产的烘箱在使用方法上有所不同，具体操作可以参照说明书。

（1）打开仪器工作电源开关至"ON"的位置，数显温控仪显示温度值。

（2）设定温度。取下保护罩，将"测量/设定"开关拨向"设定"位置，调节"温度值设定"按钮，观察温度值显示屏上所显示的数字，直至旋到所需要的工作温度值，然后再将"测量/设定"开关拨向"测量"位置，盖上保护罩，此时，工作温度值设定完毕。

（3）打开鼓风开关至"RUN"，鼓风机启动运转（有的烘箱没有鼓风机；有的烘箱没有鼓风机开关，开机后鼓风机自动打开）。

（4）根据用户需要选择加热功率，如果选择工作温度较低，可将加热功率选择开关按至"LOW"的位置，如果工作温度较高，可将"加热功率选择开关"按至"HIGH"的位置，这时全功率加热，升温快。

（5）打开箱顶排气阀约 5mm，插上温度计。

（6）打开箱门及玻璃观察门，即可放入试样，关好玻璃门，再把箱门关好。

（7）温度自动升至预先设定的工作温度值，并能听到继电器通断之声响，观察数显温控仪两侧红绿灯指示灯能交替工作，说明控制电路工作正常。红灯亮时为停止加热，绿灯亮时为正在加热。如果不能恒温或超过工作温度值，应即断电，速请电气技术人员检查。

（8）用户使用完毕，将各开关关闭，数显温控仪显示屏熄灭，再将自备电源开关断开，此时，箱上电源指示灯熄灭。

2.电热干燥箱使用注意事项

（1）在使用之前必须打开箱顶排气阀门。

（2）从排气阀顶插入束节水银温度计工作时，应有专人监测箱内温度，这是提高工作安全性的有效方法。因设备无超温保护装置，一旦控温失灵，应及时断电检查，以避免事故发生。

（3）样品在搁板上平均载荷不大于 $4.5 \times 10^2 Pa$，放置物品时，切勿过密，过重，一定要留有空隙，工作室底板上严禁放置物品，以免影响正常工作。

（4）每次使用后，应关断自备专用电源开关，并保持箱内、箱外、搁板以及电镀件的清洁，以防腐蚀。

（5）玻璃仪器应先将水沥干后，才能放入烘箱。要从上往下依次放入，仪器口朝上，以免上面的水滴流到下面烘热的仪器上将其炸裂。温度一般控制在 $100 \sim 110 ℃$。

3.真空干燥箱使用方法

（1）用真空胶管将真空箱抽气嘴与真空泵连接，并关闭放气阀。

（2）将被干燥的物品放入工作室，箱门关上并将门锁锁紧。

（3）开启电源开关，接通设备电源，然后开启真空开关并接通真空泵的工作电源，真空泵开始工作，当真空表指示值达到 $-0.1MPa$ 时，再继续抽真空 20min 后，将真空开关关闭，再切断真空泵的工作电源，使真空箱的工作室内保持真空状态。

（4）将温度设定在所需工作温度上，开启加热开关，工作室即可加热升温。

（5）物品欲取出时，旋动放气阀，使空气徐徐放入工作室内，解除箱内真空状态，待真空表指示值为 0 时再将箱门打开即可。

4. 真空干燥箱使用注意事项

（1）真空干燥箱应装专用空气开关。

（2）电气绝缘完好，设备外壳必须有可靠的保护接地或保护接零。

（3）工作室温度勿超过 200℃。

（4）应经常更换真空泵油。

（5）取出被处理的物品时，如处理的是易燃物品，必须待温度冷却到低于燃点后，才能放入空气，以免发生氧化反应引起燃烧。

（6）不得放入易爆物品干燥。

（7）长期不使用时，应将工作室内的物品取出并擦拭干净，保持设备干燥。

（七）高温炉

高温炉使用注意事项如下。

（1）查看高温炉所接电源电压是否与电炉所需电压相符。热电偶是否与测量温度相符，热电偶正负极是否接对。

（2）调节温度控制器的定温调节，使定温指针指示所需温度处。打开电源开关升温，当温度升至所需温度时即能恒温。

（3）灼烧完毕，先关电源，不要立即打开炉门，以免炉膛骤冷碎裂。200℃以下时方可打开炉门。用坩埚钳取出样品。

（4）高温炉应放置在水泥台上，不可放置在木质桌面上，以免引起火灾。

（5）炉膛内应保持清洁，炉周围不要放置易燃物品，也不可放精密仪器。

（八）离心机

离心机使用注意事项如下。

（1）应安放在稳固的台面上，以防离心机滑动或震动而引发事故。

（2）启动离心机时应逐渐加速，如果出现声音不正常，应停机检查。

（3）离心试管装液时，应将装液离心试管称重平衡并对称放置。若试管为单数不对称，则应把一空试管装入相同质量的水平衡后放入，以保持质量对称。

（4）关闭离心机时应逐渐减速，直至自动停止，不得强制使其停止。

二、常用玻璃仪器

（一）滴定管

1. 滴定管的选择

滴定管按其容积不同分为常量、半微量及微量滴定管。常量滴定管中最常用的，容积为 50mL，分刻度值为 0.1mL，在读数时，还可估读至 0.01mL。容积 10mL、分刻度值为 0.05mL 的滴定管称为半微量滴定管。微量滴定管的分刻度值为 0.005mL 或 0.01mL，容积有 1～5mL 的各种规格。

在滴定管的下端有一玻璃活塞的称为酸式滴定管，适用于装酸性和中性溶液，不适宜装碱性溶液，因为玻璃活塞易被碱性溶液腐蚀。带有尖嘴玻璃管和胶管连接的称为碱式滴定管，适宜于装碱性溶液。与胶管起作用的溶液（如 $KMnO_4$、I_2、$AgNO_3$ 等溶液）不能用碱式滴定管。有些需要避光的溶液，可以采用花色（棕色）滴定管。

2. 滴定管的使用方法

（1）洗涤　一般可直接用自来水或用洗衣粉水泡洗，不可用去污粉刷洗，以免划伤内壁。有油污的滴定管要用铬酸洗液洗涤。如果滴定管油垢较严重，需用较多洗液充满滴定管浸泡一段时间，洗液放出后，先用自来水冲洗，再用蒸馏水淋洗 3～4 次，洗净的滴定管内壁应完全被水均匀地润湿而不挂水珠。

酸式滴定管洗净后，抽出活塞，用滤纸将活塞和活塞套内的水吸干；将活塞上均匀地涂上薄薄一层凡士林，将活塞插入活塞套内，旋转活塞几次，直至活塞与活塞套内相接触部位呈透明状态。为避免活塞被碰松动脱落，涂凡士林后的滴定管应在活塞末端套上小橡皮圈。

碱式滴定管的洗涤方法与酸式滴定管基本相同，但要注意铬酸洗液不能直接接触胶管，否则胶管变硬损坏。将洗净的胶管、尖嘴和滴定管主体部分连接好即可。

（2）检漏

① 酸式滴定管：关闭活塞，装入蒸馏水至一定刻线，直立滴定管约 2min。仔细观察刻线上的液面是否下降，滴定管下端有无水滴滴下。转动活塞后观察，如有漏水现象应重新擦干涂凡士林，直至不漏水为准。

② 碱式滴定管：装蒸馏水至一定刻线，直立滴定管约 2min，仔细观察刻线上的液面是否下降，或滴定管下端尖嘴上有无水滴滴下。如有漏水，则应调换胶管中的玻璃珠。

（3）装溶液和赶气泡　滴定前用操作溶液（滴定液）洗涤三次后，将操作溶液（滴定液）装入滴定管，然后转动活塞使溶液迅速冲下排出下端存留的气泡，并调定零点。如溶液不足，可以补充，也可记下初读数。

碱式滴定管应将胶管向上弯曲,用力捏挤玻璃珠使溶液从尖嘴喷出,以排除气泡。碱式滴定管的气泡一般是藏在玻璃球附近,必须对光检查胶管内气泡是否完全赶尽,赶尽后再调节液面至 0.00mL 处,或记下初读数。

装操作溶液时应从盛操作溶液的瓶内直接将操作溶液倒入滴定管中,尽量不用小烧杯或漏斗等其他容器帮忙,以免浓度改变。

(4)滴定 滴定最好在锥形瓶中进行,必要时也可在烧杯中进行。滴定操作时左手进行滴定,右手摇瓶。使用酸式滴定管时手心空握,以免活塞松动或可能顶出活塞使溶液从活塞隙缝中渗出。滴定时转动活塞,控制溶液流出速度,要求做到能:逐滴放出、只放出一滴、使溶液成悬而未滴的状态,即练习加半滴溶液的技术。

使用碱式滴定管时捏住胶管中玻璃珠所在部位稍上处,捏挤胶管使其与玻璃珠之间形成一条缝隙,溶液即可流出。但注意不能捏挤玻璃珠下方的胶管,否则空气进入而形成气泡。

滴定前,先记下滴定管液面的初读数。用外壁碰下悬在滴定管尖端的液滴。滴定时,应使滴定管尖嘴部分插入锥形瓶口下 1~2cm 处。滴定速度不能太快,以每秒 3~4 滴为宜。边滴边摇,向同一方向作圆周旋转而不应前后振动,因那样会溅出溶液。临近终点时,应 1 滴或半滴地加入,并用洗瓶吹入少量水冲洗锥形瓶内壁,使附着的溶液全部流下,然后摇动锥形瓶,观察终点是否已达到(为便于观察,可在锥形瓶下放一块白瓷板),如终点未到,继续滴定,直至准确到达终点为止。

(5)读数 由于水溶液的附着力和内聚力的作用,滴定管液面是弯月形。无色水溶液的弯月面比较清晰,有色溶液的弯月面程度较差,因此,两种情况的读数方法稍有不同。为了正确读数,应遵守下列规则。

① 注入溶液或放出溶液后,需等待 30s~1min 后才能读数(使附着在内壁上的溶液流下)。

② 滴定管应垂直地夹在滴定台上读数或用两手指拿住滴定管的上端使其垂直后读数。

③ 对于无色溶液或浅色溶液,应读弯月面下缘实线的最低点。为此,读数时视线应与弯月面下缘实线的最低点相切。对于有色溶液,应使视线与液面两侧的最高点相切。初读和终读应用同一标准。

④ 有一种蓝线衬背的滴定管,无色溶液有两个弯月面相交于滴定管蓝线的某一点,读数时视线应与此点在同一水平面上。对有色溶液读数方法与上述普通滴定管相同。

⑤ 滴定时,最好每次都从 0.00mL 开始。读数必须准确到 0.01mL。

3. 滴定管使用注意事项

（1）滴定管用毕，倒去管内剩余溶液，用水洗净，装入蒸馏水至刻度以上，用大试管套在管口上。

（2）酸式滴定管长期不用时，活塞部分应垫上纸，否则，时间一久，塞子不易打开。碱式滴定管不用时胶管应拔下，蘸些滑石粉保存。

（二）移液管和吸量管

1. 移液管和吸量管的操作方法

（1）洗涤　移液管和吸量管均可用自来水洗涤，再用蒸馏水洗涤。较脏时可用铬酸洗液长时间浸泡洗净。浸泡一段时间后，取出吸量管，沥尽洗液，用自来水冲洗，再用蒸馏水淋洗干净。洗净的标志是内壁不挂水珠。干净的移液管和吸量管应放置在干净的移液管架上。

（2）吸取溶液　用右手的拇指和中指捏住移液管或吸量管的上端，将管的下口插入欲取的溶液中，插入不要太浅或太深，太浅会产生吸空，把溶液吸到洗耳球内弄脏溶液。用洗耳球先把溶液慢慢吸入移液管或吸量管容量的1/3左右，取出，横持，并转动管子使溶液接触到刻度以上部位，以置换内壁的水分，然后将溶液弃去，如此淋洗2～3次后，即可吸取溶液至刻度以上，立即用右手的食指按住管口（食指应稍带潮湿，便于调节液面）。

（3）调节液面　将移液管或吸量管向上提升离开液面，管的末端仍靠在盛溶液器皿的内壁上，管身保持直立，略为放松食指（有时可微微转动移液管或吸量管），使管内溶液慢慢从下口流出，直至溶液的弯月面底部与标线相切为止，立即用食指压紧管口。将尖端的液滴靠壁去掉，移出移液管或吸量管，插入承接溶液的器皿中。

（4）放出溶液　承接溶液的器皿如是锥形瓶，应使锥形瓶倾斜，移液管或吸量管直立，管下端紧靠锥形瓶内壁，放开食指，让溶液沿瓶壁流下。流完后管尖端接触瓶内壁约15s后，再将移液管或吸量管移去。残留在管末端的少量溶液，不可用外力强使其流出，因校准移液管或吸量管时已考虑了末端保留溶液的体积。

但有一种吸量管，管口上刻有"吹"字，使用时必须使管内的溶液全部流出，末端的溶液也需吹出，不允许保留。

2. 注意事项

（1）移液管与容量瓶常配合使用，因此使用前常进行两者相对体积的校准。

（2）为了减少测量误差，吸量管每次都应从最上面刻度为起始点，往下放出所需体积，而不是放出多少体积就吸取多少体积。

（三）容量瓶

容量瓶使用方法如下。

　　① 容量瓶由无色或棕色玻璃制成，带有磨口玻璃塞或塑料塞，主要用途是配制准确浓度的溶液或定量地稀释溶液。应检查瓶口是否漏水。

　　② 将固体物质（基准试剂或被测样品）配成溶液时，应先在烧杯中将固体物质全部溶解后，再转移至容量瓶中。转移时要使溶液沿玻璃棒缓缓流入瓶中。烧杯中的溶液倒尽后，烧杯不要马上离开玻璃棒，而应在烧杯扶正的同时使杯嘴沿搅棒上提 1～2cm，随后烧杯离开玻璃棒，这样可避免烧杯与玻璃棒之间的一滴溶液流到烧杯外面。然后用少量水（或其他溶剂）淋洗 3～4 次，每次都用洗瓶或滴管冲洗杯壁及玻璃棒，按同样的方法转入瓶中。当溶液达 2/3 容量时，可将容量瓶沿水平方向摆动几周以使溶液初步混合。再加水至标线以下约 1cm 处，等待 1min 左右，最后用洗瓶（或滴管）沿壁缓缓加水至标线。盖紧瓶塞，左手捏住瓶颈上端，食指压住瓶塞，右手三指托住瓶底，将容量瓶颠倒多次，并且在倒置状态时水平摇动几次。

　　③ 对容量瓶材料有腐蚀作用的溶液，尤其是碱性溶液，不可在容量瓶中久储，配好以后应转移到其他容器中存放。需要避光的溶液选用棕色瓶。

　　（四）量筒和量杯

　　量筒和量杯是容量精度不太高的玻璃量器，用来粗略量取液体体积。不能加热，不可用做反应容器，读数平视，精确度≥0.1mL。

　　（五）其他玻璃仪器

　　（1）试管　普通试管可直接加热，加热时用试管夹夹持，离心试管不能用火直接加热。试管被加热后不能骤冷，以防试管被炸裂，加热时试管内液体不能超过试管体积的 1/3，以防受热时液体溅出，不需加热的反应液体一般不超过试管体积的 1/2。

　　（2）烧杯　一般烧杯加热时要垫石棉网，外壁擦干。所盛反应液体积一般不能超过容积的 2/3。

　　（3）烧瓶　蒸馏时使用蒸馏烧瓶，其他实验用平底（圆底）烧瓶，加热时要垫石棉网，盛放液体的体积为烧瓶容积的 1/3～2/3。

　　（4）锥形瓶　加热时要垫石棉网，滴定时液体不超过容积的 1/2。

　　（5）蒸发皿　材质有瓷质、石英或金属等。

　　① 用途：溶液的浓缩或蒸发。

　　② 使用方法：一般放在铁圈上或石棉网上直接加热，或放在三脚架上直接加热。能耐高温，不能骤冷。

　　（6）坩埚　容积（mL）表示大小，材质有瓷、石英、铂、银、镍、铁、刚玉等。

　　① 用途：用于固体物质的高温灼烧。

② 使用方法：用坩埚钳夹持，一般放在瓷质三角架上。瓷坩埚耐碱性差，不适用于碱金属碳酸盐、氢氧化钠等物质灼烧，也不适用于氢氟酸分解。

三、实验药品

（一）试剂的纯度、浓度、选用及保管

1. 试剂的纯度

试剂的纯度对分析结果准确度的影响很大，不同的分析工作对试剂纯度的要求也不相同。因此，必须了解试剂的分类标准，以便正确使用试剂。

根据化学试剂中所含杂质的多少，将实验室普遍使用的一般试剂划分为 4 个等级：优级纯、分析纯、化学纯和生物化学试剂，见表 1-1。

表 1-1　化学试剂的级别及主要用途

级别	中文名称	英文标志	标签颜色	主要用途
一级	优级纯	GR	绿	精密分析实验
二级	分析纯	AR	红	一般分析实验
三级	化学纯	CP	蓝	一般化学实验
生物化学试剂	生化试剂、生物染色剂	BR	黄	生物化学实验

高纯试剂和基准试剂的价格要比一般试剂高数倍乃至数十倍。因此，应根据分析工作的具体情况进行选择，不要盲目地追求高纯度。

2. 试剂的浓度

混合物中或溶液中某物质的含量通常有以下几种表示方法，可用于试剂的浓度或分析结果的表达。

（1）质量分数（%）：系指溶质的质量与溶液的质量之比，可用符号 $\omega(B)$ 表示，B 代表溶质。如 $\omega(HCl)=37\%$，表示 100g 溶液中含有 37g 氯化氢。如果分子和分母的质量单位不同，则质量分数应加上单位，如 mg/g、μg/g 等。

（2）体积分数（%）：系指在相同的温度和压力下，溶质的体积与溶液的体积之比，可用符号 $\phi(B)$ 表示，B 代表溶质。如 $\phi(CH_3CH_2OH)=80\%$，表示 100mL 溶液中含有 80mL 无水乙醇。

（3）质量浓度（g/L）：系指溶质的质量与溶液的体积之比，可用符号 $\rho(B)$ 表示，B 代表溶质。如 $\rho(NaOH)=10g/L$，指 1L 溶液中含有 10g 氢氧化钠；$\rho(NaOH)=10g/100mL$，指 100mL 溶液中含有 10g 氢氧化钠。当浓度很稀时，可用 mg/L、μg/L、ng/L 表示。

（4）物质的量浓度（mol/L）：指溶质的物质的量与溶液的体积之比，可用符号 $c(B)$ 表示，B 代表溶质的基本单元。如 $c(H_2SO_4)=1mol/L$，表示 1L 溶液中含有 1mol H_2SO_4。

（5）比例浓度：系指溶液中各组分的体积比。如正丁醇-氨水-无水乙醇

（7＋1＋2），指7体积正丁醇、1体积氨水和2体积无水乙醇混合而成的溶液。

（6）滴定度（g/mL）：系指1mL标准溶液相当于被测物的质量，可用$T(S/X)$表示，S代表滴定剂（标准溶液）的化学式。如$T(HCl/Na_2CO_3)=0.005316g/mL$，表示1mL盐酸标准溶液相当于0.005316g碳酸钠。

食品分析中所用的计量单位均应采用中华人民共和国法定计量单位，法定的名称及其符号，见表1-2。

表1-2 分析检测中常用的量及其单位的名称和符号

量的名称	量的符号	单位名称	单位符号	倍数与分数单位
物质的量	$n(B)$	摩[尔]	mol	mmol 等
质量	m	千克	kg	g、mg、μg 等
体积	V	立方米	m^3	L(dm^3)、mL 等
摩尔质量	$M(B)$	千克每摩[尔]	kg/mol	g/mol 等
摩尔体积	$V(B)$	立方米每摩[尔]	m^3/mol	L/mol 等
物质的量浓度	$c(B)$	摩[尔]每立方米	mol/m^3	mol/L 等
质量分数	$\omega(B)$	—	%	
质量浓度	$\rho(B)$	千克每立方米	kg/m^3	g/L、g/mL 等
体积分数	$\phi(B)$	—	%	
滴定度	$T(S/X),T(S)$	克每毫升	g/mL	

3. 试剂选用的一般原则

（1）滴定分析常用的标准溶液，一般应选用分析纯试剂配制，再用基准试剂进行标定。

（2）仪器分析实验一般使用优级纯或专用试剂，测定微量或超微量成分时应选用高纯试剂。

（3）某些试剂从主体含量看，优级纯与分析纯相同或很接近，只是杂质含量不同。若所做实验对试剂杂质要求高，应选择优级纯试剂；若只对主体含量要求高，则应选用分析纯试剂。

（4）按规定，试剂的标签上应标明试剂名称、化学式、摩尔质量、级别、技术规格、产品标准号、生产许可证号、生产批号、厂名等，危险品和毒品还应给出相应的标志。若上述标记不全，应提出质疑。

（5）当所购试剂的纯度不能满足实验要求时，应将试剂提纯后再使用。

（6）指示剂的纯度往往不太明确，除少数标明"分析纯"、"试剂四级"外，经常只写明"化学试剂"、"企业标准"或"部颁暂行标准"等。常用的有机试剂也常等级不明，一般只可作"化学纯"试剂使用，必要时进行提纯。

4. 试剂的保管和取用

（1）使用前，要认清标签。

（2）装盛试剂的试剂瓶都应贴上标签，以免造成差错。

（3）使用标准溶液前，应把试剂充分摇匀。

（4）易腐蚀玻璃的试剂应保存在塑料瓶或涂有石蜡的玻璃瓶中。

（5）易氧化的试剂、易风化或潮解的试剂应用石蜡密封瓶口。

（6）易受光分解的试剂应用棕色瓶盛装，并保存在暗处。

（7）易受热分解的试剂、低沸点的液体和易挥发的试剂，应保存在阴凉处。

（8）剧毒试剂如氰化物、三氧化二砷、二氯化汞等，必须特别妥善保管和安全使用。

（二）常用试剂配制与标定

1. 标准溶液的配制与标定的一般规定

（1）配制及分析中所用的水及稀释液，在没有注明其他要求时，系指其纯度能满足分析要求的蒸馏水或离子交换水。

（2）工作中使用的分析天平砝码、滴管、容量瓶及移液管均需较正。

（3）标准溶液规定为20℃时，标定的浓度为准（否则应进行换算）。

（4）在标准溶液的配制中规定用"标定"和"比较"两种方法测定时，不要略去其中任何一种，而且两种方法测得的浓度值之相对误差不得大于0.2%，以标定所得数字为准。

（5）标定时所用基准试剂应符合要求，含量为99.95%～100.05%，换批号时，应做对照后再使用。

（6）配制标准溶液所用药品应符合化学试剂分析纯级。

（7）配制0.02mol/L或更稀的标准溶液时，应于临用前将浓度较高的标准溶液，用煮沸并冷却的水稀释，必要时重新标定。

（8）碘量法的反应温度在15～20℃之间。

2. 盐酸标准溶液配制与标定

（1）配制

① 盐酸标准溶液[$c(HCl)=0.1mol/L$]：量取9mL盐酸，加适量水并稀释至1000mL。

② 盐酸标准溶液[$c(HCl)=0.5mol/L$]：量取45mL盐酸，加适量水并稀释至1000mL。

③ 溴甲酚绿-甲基红混合指示剂：量取30mL溴甲酚绿的乙醇溶液（2g/L），加入20mL甲基红的乙醇溶液（1g/L），混匀。

（2）标定

① 基准物处理：取预先在玛瑙研钵中研细的无水碳酸钠适量，置入洁净的磁坩埚中，在沙浴上加热，注意使坩埚中的无水碳酸钠面低于沙浴面，坩埚用磁盖半掩之，沙浴中插一支360℃温度计，温度计的水银球与坩埚底平，开始加

热，保持 270～300℃ 1h，加热期间缓缓加以搅拌，防止无水碳酸钠结块，加热完毕后，稍冷，将碳酸钠移入干燥好的称量瓶中，于干燥器中冷却后称量。

② 滴定：称取上述处理后的无水碳酸钠（标定 0.1mol/L HCl 称取 0.1～0.12g；0.5mol/L HCl 称取 0.5～0.6g）置于 250mL 锥形瓶中，加入新煮沸冷却后的蒸馏水（标定 0.1mol/L HCl 加 20mL；0.5mol/L HCl 加 50mL）溶解，加 10 滴溴甲酚绿-甲基红混合指示剂，用待标定溶液滴定至溶液由绿色转变为紫红色，煮沸 2min，冷却至室温，继续滴定至溶液由绿色变为暗紫色。做三个平行试验，同时做试剂空白。

（3）计算

$$c = \frac{m}{(V_1 - V_2) \times 0.0530}$$

式中　c——盐酸标准滴定溶液的实际浓度，mol/L；

　　　m——基准无水碳酸钠的质量，g；

　　　V_1——样品消耗盐酸标准溶液的体积，mL；

　　　V_2——空白试验消耗盐酸标准溶液的体积，mL；

0.0530——1/2 Na_2CO_3 的毫摩尔质量，g/mmol。

（4）注意事项

① 在良好保存条件下溶液有效期 2 个月。

② 如发现溶液产生沉淀或者有霉菌应进行复查。

3. 硫酸标准溶液配制与标定

（1）配制　硫酸标准溶液[$c(1/2H_2SO_4) = 1$mol/L]：量取 30mL 浓硫酸注入 1000mL 水中，冷却摇匀。

（2）标定　标定过程与 HCl 标定方法相同。

（3）计算

$$c = \frac{m}{(V_1 - V_2) \times 0.1060}$$

式中　c——硫酸标准滴定溶液的实际浓度，mol/L；

　　　m——基准无水碳酸钠的质量，g；

　　　V_1——样品消耗硫酸标准溶液的体积，mL；

　　　V_2——空白试验消耗硫酸标准溶液的体积，mL；

0.1060——Na_2CO_3 的毫摩尔质量，g/mmol。

（4）注意事项　在良好保存条件下，溶液有效期 2 个月。

4. 氢氧化钠标准溶液配制与标定

（1）配制

① 氢氧化钠饱和溶液：称取 120g 氢氧化钠，加 100mL 水，振摇使之溶解

成饱和溶液，冷却后置于聚乙烯塑料瓶中，密塞，放置数日，澄清后备用。

② 氢氧化钠溶液[$c(NaOH)=1mol/L$]：吸取 56mL 澄清的氢氧化钠饱和溶液，加适量新煮沸的冷水至 1000mL，摇匀。

③ 酚酞指示剂：称取酚酞 1g 溶于适量乙醇中，再稀释至 100mL。

（2）标定　准确称取在 105～110℃ 干燥至恒重的基准邻苯二甲酸氢钾约 6g，加 80mL 新煮沸过的冷水，使之尽量溶解，加 2 滴酚酞指示剂，用 1mol/L 的氢氧化钠溶液滴定至溶液呈粉红色，0.5min 不退色。平行试验三次，并做试剂空白。

标定 $c(NaOH)=0.1mol/L$ 的氢氧化钠溶液时，步骤同上，但基准邻苯二甲酸氢钾（$KHC_8H_4O_4$）的量改为 0.6g。

（3）计算

$$c=\frac{m}{(V_1-V_2)\times0.2042}$$

式中　c——氢氧化钠标准滴定溶液的实际浓度，mol/L；

　　　m——基准邻苯二甲酸氢钾的质量，g；

　　　V_1——氢氧化钠标准溶液的用量，mL；

　　　V_2——空白试验中氢氧化钠标准溶液用量，mL；

　0.2042——$KHC_8H_4O_4$ 的毫摩尔质量，g/mmol。

（4）注意事项

① 为使标定的浓度准确，标定后应用相应浓度盐酸对标。

② 溶液有效期一个月。

5. 高锰酸钾标准溶液配制与标定

（1）配制　高锰酸钾标准溶液[$c(1/5KMnO_4)=0.1mol/L$]：称取 3.3g 化学纯高锰酸钾溶于 1000mL 蒸馏水内，慢慢加热溶解，再煮沸 10～15min，冷却，加塞静置 2 天以上，用垂融漏斗过滤，置于具玻璃塞的棕色瓶中密塞保存，用草酸钠标定。

（2）标定　准确称取约 0.2g 在 110℃ 干燥至恒重的基准草酸钠于锥形瓶中，加入 250mL 新煮沸过的冷水 50mL 和硫酸 10mL，搅拌使之溶解。在水浴上加热至 75～80℃。立即用 0.1mol/L 高锰酸钾溶液滴定至溶液呈微红色，30s 不退色为终点（测定结束时温度不低于 55℃）。平行试验三次，同时做空白试验。

（3）计算

$$c=\frac{m}{(V_1-V_2)\times0.0670}$$

式中　c——高锰酸钾标准滴定溶液的实际浓度，mol/L；

　　　m——基准草酸钠的质量，g；

V_1——实际消耗 $KMnO_4$ 标准滴定溶液的体积，mL；

V_2——空白消耗标准滴定溶液的体积，mL；

0.0670——$Na_2C_2O_4$ 的毫摩尔质量，g/mmol。

（4）注意事项

① 反应必须在酸性介质中进行，但硝酸为强氧化剂，盐酸能被高锰酸钾氧化，都不能使用，只能用没有还原性质的硫酸。

② 滴定时必须慢速度，特别是开始时，必须在滴一滴高锰酸钾滴下退色后再滴第二滴，几滴以后才能加滴，应成滴滴下，直至溶液呈红色在 30s 不消失为终点，超过时间不退色为滴定过量，超过时间无色也是过量的表示。因为高锰酸钾的终点是不稳定的，它会慢慢分解而使红色消失。

③ 高锰酸钾溶液应保存在棕色瓶中。

6. 硫代硫酸钠标准溶液配制与标定

（1）配制　硫代硫酸钠标准溶液[$c(Na_2S_2O_3)=0.1mol/L$]：称取 26g 硫代硫酸钠和 0.2g 无水碳酸钠，溶于 1000mL 水中，缓和煮沸 10min 后冷却，将溶液保存在棕色的具塞瓶中，放置数日后过滤备用。

（2）标定　称取在 120℃ 烘干至恒重的基准重铬酸钾 0.2g，准确至0.0002g，置于 500mL 具塞锥形瓶中，溶于 25mL 煮沸并冷却的水中，加碘化钾 2g 和 2mol/L 硫酸 20mL。待碘化钾溶解后，于暗处放置 10min，加 250mL 水，用 0.1mol/L 硫代硫酸钠溶液滴定，近终点时，加 0.5% 淀粉指示剂 3mL，继续滴定至溶液由蓝色转变成亮蓝绿色。同时做空白实验校正结果。

（3）计算

$$c=\frac{m}{(V_1-V_2)\times0.04903}$$

式中　c——硫代硫酸钠标准滴定溶液的实际浓度，mol/L；

m——重铬酸钾的质量，g；

V_1——实际消耗 $Na_2S_2O_3$ 的体积；mL；

V_2——空白消耗 $Na_2S_2O_3$ 的体积；mL；

0.04903——重铬酸钾的毫摩尔质量，g/mmol。

7. 硝酸银标准溶液的配制与标定

（1）配制　硝酸银标准溶液[$c(AgNO_3)=0.1mol/L$]：称取 17.5g 硝酸银，溶于 1000mL 水中，混匀。溶液保存于棕色具塞瓶中。

（2）标定　称取在 500～600℃ 灼烧至恒重的基准氯化钠 0.2g，准确至0.0002g，溶于 70mL 水中，加 3% 的淀粉液 10mL 和荧光素指示剂 3 滴，在摇动下用 0.1mol/L 硝酸银溶液滴定至粉红色。

（3）计算

$$c = \frac{m}{V \times 0.05845}$$

式中　　c——硝酸银标准滴定溶液的实际浓度，mol/L；

　　　　m——氯化钠的质量，g；

　　　　V——硝酸银溶液的用量，mL；

0.05845——氯化钠的毫摩尔质量，g/mmol。

8. 常用指示剂的配制

（1）10g/L 酚酞溶液：溶解酚酞末 1.0g 于 100mL 95％乙醇中。

（2）1g/L 甲基橙溶液：溶解甲基橙 0.1g 于 100mL 水中。

（3）1g/L 甲基红溶液：溶解甲基红 0.1g 于 100mL 95％乙醇中。

（4）1g/L 溴甲酚绿溶液：溶解溴甲酚绿粉末 0.1g 于 100mL 95％乙醇中。

（5）0.5g/L 溴甲酚紫溶液：溶解溴甲酚紫粉末 0.05g 于 100mL 95％乙醇中。

（6）1g/L 溴百里酚蓝溶液：溶解溴百里酚蓝粉末 0.1g 于 100mL 95％乙醇中。

（7）甲基红-溴甲酚绿指示剂：1 份 1g/L 甲基红溶液与 5 份 1g/L 溴甲酚绿溶液混合。

（8）1g/L 次甲基蓝溶液：溶解次甲基蓝粉末 0.1g 于 100mL 水中。

（9）1g/L 酚红溶液：溶解酚红粉末 0.1g 于 100mL 95％乙醇中。

（10）1g/L 百里酚蓝溶液：溶解百里酚蓝粉末 0.1g 于 100mL 95％乙醇中。

（11）10g/L 淀粉溶液：溶解 1g 可溶性淀粉于 100mL 水中，煮沸（用 1％氯化锌溶液代替可长期保存）。

第三节　实验室安全

食品分析实验室是食品分析课程教学中实践教学的重要场所。实验室安全是非常重要的。

一、实验室的分布

按照教学需要和学生人数、学校条件的具体要求，配备专职实验人员负责实验室的日常管理。食品分析实验室分为若干化学分析室、若干功能仪器室、药品室、预备室。

1. 化学分析室

应具备良好的采光、通风条件，上下水通畅，电路齐全、安全，具有能容纳 30 人左右同时进行实验的场地面积。内放实验台桌（可单边或双边放置），每个学生拥有实验台桌的宽度不小于 600mm，长度不小于 1000mm，两实验台桌之间的距离不小于 1300mm。每个学生有一套独立的实验基本仪器。应具备充足的洗涤池和水龙头，每个实验室配置 1 个洗眼器。另有公共场地放置公共仪器如烘箱、冰箱等。并具有通风橱、排气扇、各种电源插座、灭火器等设施。

2. 仪器室

仪器室可根据仪器的精密程度、功能、特点设立若干功能室，如天平室、光学仪器室、色谱室等。要求具有防震、防潮、防尘、防腐蚀、防燃爆特点。温度应保持在 15～30℃，湿度在 65％～75％。仪器台要稳固防震。仪器室具有独立的稳压电源。

3. 药品室

药品室应具备良好的自然通风条件，干燥，光线不直接入射，温度应保持在 15～30℃。有足够的空间，各类化学药品分类放置。

4. 预备室

预备室是教师进行实验准备、试剂配制、实验室管理的场所。

二、实验室安全守则

实验室危险包括：化学有毒气体，燃爆危险，机械伤害、电、水和其他放射性、微波、电磁辐射泄露导致的危害。为保证实验室的安全和人员健康，必须遵守以下实验室安全守则。

（1）进入实验室的所有人员必须有高度的安全意识，严格遵守实验室规章制度和操作规程，严禁在实验室抽烟喝酒。实验结束，人员离开前要检查门、窗、水、电、气，确保安全。

（2）实验室配备消防器材，实验室人员必须掌握有关灭火的知识和消防器材的使用方法，建立实验室消防预案。

（3）实验室人员必须熟悉仪器设备的性能和使用方法，按规定进行操作。

（4）进行危险性实验，实验人员必须预先检查防护措施。实验过程中操作人员不得擅自离开，实验完成后立即做好清理工作，并做出记录。

（5）不使用无标签或标签不明的试剂。对试剂进行分类。有毒试剂应用专门的容器专门储放，取用登记，防止意外。腐蚀性试剂要单独存放，要检查标签的完好，使用时注意防护。易燃易爆的溶剂要存放在通风、低温处，防明火。生物试剂要放在避光、低温处。

（6）使用玻璃器皿，要注意防止破碎。

① 尽可能使用耐热型玻璃容器加热。

② 取用时小心轻放，必要时用衬托。

③ 安装玻璃仪器时，尽可能用布巾包裹易破裂处。

④ 玻璃管上套橡皮管、胶塞时，用水或甘油润滑后再套，一定小心用力，不要用猛力。

⑤ 使用磨砂口的分液漏斗时要防止旋塞卡死或断裂。

⑥ 使用真空减压蒸馏结束后，最好冷却后去真空。

⑦ 新的砂芯漏斗使用前必须用酸、有机溶剂处理。

（7）防止触电，严格遵守安全用电规程。

① 不用潮湿的手接触电器。

② 不使用绝缘不良或接地保护不良的用电装置。

③ 安装或修理用电仪器时，应先切断电源。

④ 使用高压电源应有专门的防护措施。

⑤ 如有人触电，应迅速切断电源，及时进行抢救。

（8）防止引起火灾。

① 使用的保险丝要与实验室允许的用电量相符。

② 电线绝缘完好，使用与用电功率相匹配的插座。

③ 室内若有氢气、乙炔等易燃易爆气体，应避免产生电火花。

④ 使用易燃易爆的物品时，严禁同时使用明火。

⑤ 如遇电线起火，立即切断电源，用二氧化碳、四氯化碳灭火器灭火。

（9）防止化学中毒。

① 实验前，应了解所用药品的毒性及防护措施。

② 有毒或有刺激性气体（如 H_2S、Cl_2、HCl 等）应在通风橱内进行操作。

③ 苯、四氯化碳、乙醚等的蒸气会引起中毒，应在通风良好的情况下使用。

④ 苯、有机溶剂、汞等能透过皮肤进入人体，应避免与皮肤接触；取用和使用尽可能带橡皮手套和防护眼镜；在水池附近使用，小心轻放，保证不泄出。

⑤ 氰化物、高汞盐、重金属盐（如镉、铅、砷等）剧毒药品，应妥善保管，使用时要特别小心。有毒试剂的器皿要专门处理。

⑥ 禁止在实验室内喝水、吃东西，饮食器具不要带进实验室，以防毒物污染，离开实验室及饭前要洗净双手。

（10）防止爆炸。

① 使用可燃性气体时，要检查气路气密性，防止漏气，室内通风要良好。

② 操作大量可燃性气体或使用易燃易爆的有机溶剂时，严禁同时使用明火，还要防止发生电火花及其他撞击火花。有残余有机溶剂的容器，不能立即放入烘箱，必须水浴蒸干。

③ 高氯酸盐、过氧化物等药品受震和受热都易引起爆炸，使用要特别小心。消化时使用高氯酸要防止容器烧干。

④ 严禁将强氧化剂和强还原剂放在一起。

⑤ 乙醚不宜存放时间过长，使用前应除去其中可能产生的过氧化物。

⑥ 进行容易引起爆炸的实验，应有防爆措施。

(11) 防火。

① 乙醚、丙酮、乙醇、苯等有机溶剂非常容易燃烧。大量使用时，室内不能有明火、电火花。实验室内不存放过多有机溶剂，用后还要及时回收处理。

② 磷、金属钠、铁、铝粉等物质在空气中易氧化自燃。要隔绝空气保存，使用时要特别小心。

③ 实验室如果着火不要惊慌，应根据情况进行灭火，根据起火的原因选择使用灭火剂。

(12) 防止灼伤、烫伤。

① 强酸、强碱、强氧化剂、冰乙酸等会腐蚀皮肤，要防止溅入眼内。取用和使用尽可能带橡皮手套和防护眼镜。

② 液氮等低温也会严重灼伤皮肤，使用时要小心，操作时戴棉手套。

③ 消化易爆沸物时，加防暴沸碎瓷片，且瓶口不朝人。

④ 从高温烘箱、马弗炉中取物，要戴石棉手套，小心操作。

⑤ 电炉加热的玻璃容器必须是耐热的，防止高温下玻璃炸裂。

⑥ 万一灼伤应及时治疗。

(13) 高压钢瓶的使用及注意事项。

① 气体钢瓶的颜色标记（表 1-3）。

表 1-3 气体钢瓶的颜色标记

气体类别	氮气	氧气	氢气	压缩空气	二氧化碳	氦气	液氨	氯气	乙炔	纯氩气体
瓶身颜色	黑	天蓝	深蓝	黑	黑	棕	黄	草绿	白	灰
标字颜色	黄	黑	红	白	白	白	黑	白	红	绿
字样	氮	氧	氢	压缩空气	二氧化碳	氦	氨	氯	乙炔	纯氩

② 气体钢瓶的使用。

a. 在钢瓶上装上配套的减压阀。检查减压阀是否关紧，方法是逆时针旋转调压手柄至螺杆松动为止。

b. 打开钢瓶总阀门，此时高压表显示出瓶内储气总压力。

c. 慢慢地顺时针转动调压手柄，至低压表显示出实验所需压力为止。

d. 停止使用时，先关闭总阀门，待减压阀中余气逸尽后，再关闭减压阀。

③ 注意事项。

a. 钢瓶应存放在阴凉、干燥、远离热源的地方。

b. 可燃性气瓶与氧气瓶分开存放。

c. 搬运钢瓶要小心轻放，要旋上钢瓶帽。

d. 使用时应装减压阀和压力表。各种压力表一般不可混用。

e. 不要在气瓶上（特别是气瓶出口和压力表上）沾染油或易燃有机物。

f. 开启总阀门时，头或身体不能正对总阀门，防止万一阀门冲出伤人。

g. 不可把气瓶内气体用光。

h. 使用中的气瓶每三年应检查一次，装腐蚀性气体的钢瓶每两年检查一次，不合格的气瓶不可继续使用。

i. 氢气瓶应放在远离实验室的专用小屋内，用紫铜管引入实验室，并安装防止回火的装置。

三、实验室事故急救和处理

1. 实验室灭火

实验室内有各种化学药品、多种用电仪器，如未遵守实验室安全守则，使用不当，非常容易发生火灾。实验中一旦发生了火灾，切忌惊慌失措，应保持镇静，根据具体情况正确地进行灭火、抢救和报警。较小的着火事故在保证人员安全的情况下可以采用自救方式灭火；较大的着火事故应立即切断室内一切火源和电源，并立即拨打119报警。常用的灭火自救方法如下。

（1）防止火势蔓延。注意：不可将燃烧物抱着往外跑，跑时空气更流通，会烧得更猛。应立即切断室内所有电源，转移附近区域内的一切可燃物质，关闭通风口，防止燃烧扩大。

（2）立即灭火。针对燃烧物的性质采取适当的灭火措施。常用的灭火器有以下几种，使用时要根据火灾的轻重、燃烧物的性质、周围环境和现场条件进行选择。

① 石棉布：适用于扑灭小火。

② 干沙土：适用于不能用水扑救的小面积燃烧。

③ 泡沫灭火器：是实验室常用的灭火器材，适用于除电流起火外的灭火。

④ 二氧化碳灭火器：适用在工厂、实验室灭火，它不损坏仪器，不留残渣，对于通电的仪器也可以使用，但金属镁燃烧不可使用它来灭火。

⑤ 四氯化碳灭火器：适于扑灭带电物体的火灾。但它在高温时可分解出有毒气体，故在不通风的地方最好不用。另外，在有钠、钾等金属存在时不能使用，因为有引起爆炸的危险。

⑥ 1211灭火器：钢瓶内装有一种药剂——二氟一氯一溴甲烷，灭火效率高。

⑦ 干粉灭火器：将二氧化碳和一种干粉剂配合起来使用，灭火速度很快。

（3）降温。水能使燃烧物的温度下降，但有机物着火不适用。在溶剂着火时，先用泡沫灭火器把火扑灭，再用水降温是有效的救火方法。

（4）注意事项。在救火时必须保证人身安全，保证安全通道的畅通。在灭火时用湿毛巾护住口鼻，防止吸入化学烟气；衣服着火时，千万不要乱跑，应当用衣服等包裹身体或躺在地上滚动，这样一方面可压熄火焰，另一方面也可避免火烧到头部。如火势太大，应等待专业消防人员的救援。

（5）发生火灾后应注意保护现场。

2. 触电的急救

（1）发现有人触电后，立即拉下电闸，切断电源，或用不导电的竹、木棍将触电者与导电的物体分开。在未切断电源或触电者未脱离电源时，不能徒手或在脚底无绝缘的情况下触摸触电者。

（2）脱离电源后，立即进行就地抢救，检查触电者呼吸和心跳情况。对呼吸和心跳停止者，应立即进行口对口的人工呼吸和心脏胸外挤压，直至呼吸和心跳恢复为止。呼吸不恢复，用针刺人中穴，人工呼吸至少应坚持 4h，有条件的直接吸氧，同时，尽快打 120 呼叫医疗急救。

3. 化学物质中毒及灼伤的急救

（1）化学有毒气体（如 H_2S、Cl_2、HCl、CO、Hg 等）的中毒，应将患者迅速转移，离开现场到有新鲜空气场所，并报警或送医院，有条件的在转移过程中吸氧。

（2）强酸、强碱造成的灼伤，在现场立即用大量流动的清水冲洗创面，再用一定浓度的中和剂冲洗（如受到硫酸、硝酸、盐酸伤害，中和剂用 2% 的小苏打水；受到 KOH、$NaOH$ 伤害，中和剂为 2% 的乙酸或硼酸溶液）。冲洗时间可按具体情况而定，一般为 30～60min。

（3）头、面部灼伤时要注意眼、耳、鼻、口腔内的冲洗。特别是眼，应首先用洗眼器冲洗，冲洗时必须注意有无化学物质溅入眼内，持续用生理盐水冲洗，并送医院给予眼睛护理药物治疗。如衣服与皮肤粘连，不要强行撕开，应用大量水冲洗，再送医院处理。

四、实验报告的要求和格式、实验数据处理及实验结果表达

实验报告是实验者在实验结束后把本次实验的目的、步骤、结果等用简洁的语言写成书面报告。实验报告必须是在完成实验的基础上对实验结果的记载，有利于不断总结实验经验，提高实验者的观察能力、分析问题和解决问题的能力，培养理论联系实际的学风和实事求是的科学态度。

1. 实验报告要求

实验报告书写应使用学校实验中心统一的实验报告纸。主要内容有如下几个。

（1）实验名称　要用最简练的语言反映实验的内容。

（2）实验目的　要明确，抓住重点，可以从理论和实践两个方面考虑。在理论上，使实验者获得深刻和系统的理解；在实践上，掌握仪器或器材的使用技能技巧。

（3）实验原理　要写明依据何种原理、操作方法进行实验。

（4）仪器和材料　选择主要的仪器和材料填写。如能画出实验装置的结构示意图，再配以相应的文字说明更好。

（5）操作步骤　要写明经过哪几个具体实验操作步骤，也可用流程图说明。实验报告要简明扼要、字迹整洁。同预习报告一样左边写步骤，右边写实验现象。

（6）实验结果　从实验中测到的数据计算结果，或从实验现象中观察实验结果。

（7）分析与讨论　即根据实验过程中所见到的现象和测得的数据，做出结论。

讨论可写实验成功或失败的原因，对实验中的异常现象的解释、实验后的心得体会、改进建议等。

2. 报告撰写时的注意事项

写实验报告是一件非常严肃、认真的工作，要做到科学、准确、求真。在撰写过程中要注意如下几点。

（1）报告内容完整。实验报告应能客观反映实验者本人对整个实验内容的把握程度，实验的感受与分析最为重要。

（2）独立完成实验报告。应反映实验者自己对实验原理部分的独立理解，实验步骤和实验条件部分应由自己独立归纳、概括，结果和分析部分应有自己的独立见解或看法。因此，学生应独立完成实验报告的书写，严禁抄袭、复印实验教材的表述甚或他人的报告。

（3）实验报告撰写应持严肃的科学态度，尽量采用专用术语来说明。主要体现在结果记录准确、数据处理科学、计算正确、结论严谨等方面，尤其应注意独特实验现象的记录，结果不正确时也应客观反映并做出合理的分析或解释。

（4）严谨的工作作风。使用统一规定的名词和符号，外文、符号、公式要准确，报告干净、整洁，字迹工整，语言通顺，层次清晰，表达准确等方面。

3. 实验数据处理

数据处理是指从获得数据开始到得出最后结论的整个加工过程，包括数据记录、整理、计算、分析和绘制图表等。

（1）借助于列表法把实验数据列成表格。设计一个简明醒目、合理美观的数据表格，是每一个同学都要掌握的基本技能。列表没有统一的格式，但应注意以下几点：各栏目均应注明所记录的项目的名称（符号）和单位；栏目的顺序应充分注意数据间的联系和计算顺序；表中的原始数据应正确反映有效数字，数据不应随便涂改，确实要修改数据时，应将原来数据画条杠以备随时查验；对于函数关系的数据表格，应按自变量由小到大或由大到小的顺序排列，以便于判断和处理。

（2）实验数据有效数字及其运算规则。食品分析的有效数字是指分析仪器实际能测到的数字（包括所有准确数字和一位可疑数字）。如 1.0005，为五位有效数字；0.5000，为四位有效数字；0.0540、1.86 为三位有效数字；0.40 为两位有效数字；0.002 为一位有效数字。

整理数据和运算中弃取多余数字时，采用数字修约规则（四舍六入五考虑，五后非零则进一，五后皆零视奇偶，五前为奇则进一，五前为偶则舍弃），不许连续修约。加减法：以小数点后位数最少的数据的位数为准；乘除法：由有效数字位数最少者为准。常数的有效数字可取无限多位。在计算过程中，可暂时多保留一位有效数字。

（3）对可疑实验数据，用 T 检验和 F 检验法取舍。

（4）尽可能用作图法直观地表示实验数据间的关系。

（5）定量分析时，标准曲线宜采用直线回归方程 $y = a + bx$ 进行计算。用一元线性回归法可解得方程的斜率 b 和截距 a，判别实验数据点是否符合线性，可用相关系数 r，一般要求 $r \geqslant 0.99$ 才有实际意义。

（6）用变异系数（CV）来表示测定精度。用回收率表示测定方法的准确度。

4. 实验结果表达

食品分析的结果数据可表示成：g/100g、mg/100g，mg/kg 或 μg/kg，或 mg/L 或 μg/L，废除过去用的 ppm 或 ppb。

但凡计算公式中有系数的要考虑系数的选取，并在结果中明确表示（以 ＊ ＊ 计）。如乳制品凯氏定氮测定蛋白质系数时以 6.38 计，还原糖测定以葡萄糖计，食醋中总酸度测定以乙酸计。

结果的量和单位必须采用我国的法定计量单位，它是以国际单位制（SI）为基础选定的非国际单位制单位。

第二章 食品营养成分的测定

实验一 食品中蛋白质含量的测定（半微量凯氏定氮法）

一、目的与要求

1. 掌握半微量凯氏定氮法测定蛋白质的原理。
2. 熟悉凯氏定氮法中样品的消化、蒸馏、吸收等基本操作技能。
3. 熟练称量、溶液转移、滴定等基本操作技能。

二、原理

蛋白质是含氮的有机化合物。食品与硫酸和催化剂一同加热消化，使蛋白质分解，分解的氨与硫酸结合生成硫酸铵。然后碱化蒸馏使氨游离，用硼酸吸收后，再以硫酸或盐酸标准溶液滴定，根据酸的消耗量乘以换算系数，即为蛋白质的含量。

三、仪器、试剂和原料

1. 仪器

500mL 定氮瓶、铁架台、电炉、定氮蒸馏装置、分析天平、100mL 接收瓶、25mL 酸式滴定管。

2. 试剂（所有试剂均用不含氨的蒸馏水配制）

硫酸铜（$CuSO_4 \cdot 5H_2O$）。

硫酸钾。

浓硫酸。

硼酸溶液（20g/L）。

混合指示液：1 份 1g/L 甲基红乙醇溶液与 5 份 1g/L 溴甲酚绿乙醇溶液临用时混合。也可用 2 份 1g/L 甲基红乙醇溶液与 1 份 1g/L 次甲基蓝乙醇溶液，临用时混合。

氢氧化钠溶液（400g/L）。

标准滴定溶液：硫酸标准溶液 $[c(1/2H_2SO_4)=0.0500mol/L]$ 或盐酸标准溶液 $[c(HCl)=0.0500mol/L]$。

3. 原料

脱脂豆粉。

四、操作方法

1. 样品处理

精密称取 0.02～2.00g 脱脂豆粉，用称量纸包裹，移入干燥的 500mL 定氮瓶中，加入 0.2g 硫酸铜，3g 硫酸钾及 20mL 硫酸，摇匀。于瓶口放一小漏斗，将瓶以铁架台 45°斜于石棉网上，小心加热，待内容物全部炭化，泡沫完全停止后，加强火力，并保持瓶内液体微沸，至液体呈蓝绿色澄清透明后，再继续加热 0.5h。取下放冷，小心加 20mL 水，放冷后，移入 100mL 容量瓶中，并用少量水洗定氮瓶，洗液并入容量瓶中，再加水至刻度，混匀备用。同时做试剂空白试验。

2. 安装好定氮装置

于水蒸气发生瓶内装水至约 2/3 处，加甲基红指示剂数滴及数毫升硫酸，以保持水呈酸性，加入数粒玻璃珠以防暴沸，用调压器控制，加热煮沸水蒸气发生瓶内的水。

3. 样品消化液滴定

向接收瓶内加入 10.0mL 20g/L 硼酸溶液及混合指示剂 1～2 滴，并使冷凝管下端插入液面下。吸取 10.0mL 样品消化定容液，由小漏斗流入反应室，并以 10mL 水洗涤使流入反应室内，将 10mL 400g/L 氢氧化钠溶液倒入，提起玻塞，使其缓慢流入反应室，立即将玻塞盖紧，并加水以防漏气，开始蒸馏。蒸汽通入反应室，使氨通过冷凝管而进入接收瓶内，蒸馏 5min。移动接收瓶，使冷凝管下端离开液面，再蒸馏 1min，然后用少量水冲洗冷凝管下端外部。取下接收瓶，以硫酸或盐酸标准溶液（0.0500mol/L）滴定至灰色或蓝紫色为终点。记录样品消耗硫酸或盐酸标准溶液的体积。

4. 空白消化液滴定

同时准确吸取 10.0mL 试剂空白消化液，按"3. 样品消化液滴定"操作，记录试剂空白消耗硫酸或盐酸标准溶液的体积。

五、计算

$$X=\frac{(V_1-V_2)c\times0.014}{m\times\frac{10}{100}}\times F\times100$$

式中　X——样品中蛋白质的含量，g/100g；

V_1——样品消耗硫酸或盐酸标准溶液的体积，mL；

V_2——试剂空白消耗硫酸或盐酸标准溶液的体积，mL；

c——硫酸或盐酸标准溶液的浓度，mol/L；

0.014——1mL 1.000mol/L 硫酸或盐酸标准溶液中相当的氮的质量，g；

m——样品的质量，g；

F——氮换算为蛋白质的系数。一般食物为 6.25；乳制品为 6.38；面粉为 5.70；玉米、高粱为 6.24；花生为 5.46；米为 5.95；大豆及其制品为 5.71；肉与肉制品为 6.25；大麦、小米、蒸麦、燕麦、裸麦为 5.83；芝麻、向日葵为 5.30。

六、注意事项

1. 蛋白质分子中均含氮，这是凯氏定氮法测定蛋白质的重要依据。凯氏定氮法通过测定氮的含量，换算为蛋白质的含量。食品中还有非蛋白质物质含氮，故用此法测定的蛋白质称为粗蛋白，其值有偏差。"三鹿"奶粉事件中加入的三聚氰胺，就是利用此原理弄虚作假，虚高原乳蛋白质含量。

2. 食品中含氮量一般为 15%～17.6%，不同食品含氮量略有差异，故凯氏定氮法测定蛋白质时必须根据其来源种类采用不同的换算系数。

3. 为防止高糖含量的样品消化时产生大量泡沫，宜选用较大体积的定氮消化瓶；加酸后不马上加热，而是放置一定时间后加热。

4. 加样时宜用称量纸包裹直接加样至消化瓶底部，防止样品沾在瓶口。

5. 消化时，加入硫酸钾可以提高反应温度，加入硫酸铜作为催化剂，提高反应速度。消化至完全透明后，蛋白质中的氮全部形成硫酸铵。

6. 半微量凯氏定氮法，对消化液要转移、定容，注意放冷后操作，防止热酸伤人。

7. 蒸馏过程中，不能让系统漏气，放入碱液时，要保证碱液够量，动作要快，防止氨损失。

8. 蒸馏时，蒸汽发生要充足，均匀，冷凝管出口应浸入吸收液中，防止氨损失。

9. 此为半微量凯氏定氮法。对于蛋白质含量很低的样品，用全量凯氏定氮法更准确，但更需要注意操作准确性。

七、思考与讨论

1. 为什么用凯氏定氮法测出的食品中蛋白质含量为粗蛋白含量？

2. 在消化过程中加入的硫酸铜试剂有哪些作用？

3. 样品经消化蒸馏之前为什么要加入氢氧化钠？这时溶液的颜色会发生什么变化？为什么？如果没有变化，说明了什么问题？

4. 蛋白质的结果计算为什么要乘上蛋白质换算系数，系数 6.25 是怎么得到的？

5. 蒸馏过程中，如何防止样品消化液的倒吸？

6. 本次实验中误差产生的原因及可能的预防措施。

实验二 食品中粗脂肪的测定（索氏抽提法）

一、目的与要求

1. 熟悉索氏脂肪抽提器的结构。

2. 掌握索氏抽提法提取食品中脂肪的原理及方法。

3. 掌握分析天平的使用和重量法操作。

二、原理

样品用无水乙醚或石油醚等溶剂抽提后，蒸去溶剂后所得到的物质，称为脂肪或粗脂肪。因为抽提物中除脂肪外，还含色素及挥发油、蜡、树脂等物，故称粗脂肪。抽提法所测得的脂肪为游离脂肪。

三、仪器、试剂和原料

1. 仪器

索氏脂肪抽提器、组织捣碎机、水浴锅、分析天平、干燥器、干燥烘箱。

2. 试剂

无水乙醚或石油醚。

海砂。

滤纸、脱脂棉。

3. 原料

午餐肉或火腿肠。

四、操作方法

1. 样品处理

样品用组织捣碎机粉碎，绞肉两次，到 40 目左右，于 95～105℃干燥，测定水分含量。精密称取测定水分后的样品 2.00～5.00g，必要时拌以海砂 10g，全部移入滤纸筒内。蒸发皿及附有样品的玻棒，均用沾有乙醚的脱脂棉擦净，并将棉花放入滤纸筒内。

2. 初称

接收瓶于 95～105℃干燥，干燥至恒重，记录接收瓶的质量。

3. 抽提

将滤纸筒放入抽提管内，连接已干燥至恒重的接收瓶，由抽提器冷凝管上端加入无水乙醚或石油醚至瓶内容积的 2/3 处，于水浴上加热，使乙醚或石油醚不断回流抽提。一般抽提 6～12h。

4. 称量

取下接收瓶，回收乙醚或石油醚，待接收瓶内乙醚剩 1～2mL 时在水浴上蒸干，再于 95～105℃干燥 2h，放干燥器内冷却 0.5h，称量，恒重，记录接收瓶和脂肪的质量。

五、计算

$$X = \frac{m_1 - m_0}{m_2} \times 100$$

式中　X——样品中脂肪的含量，g/100g；

　　　m_1——接收瓶和脂肪的质量，g；

　　　m_0——接收瓶的质量，g；

　　　m_2——样品的质量（如是测定水分后的样品，需换算，按测定水分前的质量计），g。

六、注意事项

1. 本法为索氏抽提法，为国际经典的测定脂肪方法，测定准确，但费时、费试剂。

2. 本法要求样品必须干燥无水，水分有碍有机溶剂对样品的浸润并影响提取效率。加入海砂可使样品蓬松，有利有机溶剂对样品的浸润。

3. 本法测得的脂肪中，还含有少量的可溶于脂肪的有机酸、色素、香精、醛、酮等，故只可称为粗脂肪。

4. 好的滤纸筒可以防止样品随提取液一起流入接收瓶中，影响结果。

5. 有机溶剂在接收瓶中受热蒸发至冷凝管中，冷凝后于盛装样品的提取筒中，当提取筒中溶剂达到虹吸管顶端时，自动虹吸入下面接收瓶中，接收瓶中溶剂受热蒸发，于冷凝管中冷凝后入提取筒中，再次浸取样品。如此循环，每一次提取筒中溶剂均为干净的重蒸溶剂，故相当于每一次都用新鲜溶剂萃取，从而提高提取效率。

6. 提取用的乙醚和石油醚必须无水、无醇、无过氧化物，挥发残渣含量低。

7. 控制水浴温度，每分钟从冷凝管中冷凝 80 滴左右。提取结束时间的确定，用干净滤纸接收冷凝液后有无油痕来判断。

8. 由于试剂及原料为易燃的有机溶剂，故应特别注意实验室防火。

9. 本法主要测定食品中游离脂肪的含量。要测定游离及结合脂肪总量，宜采用其他方法。

七、思考与讨论

1. 脂类测定最常用哪些提取剂？其优缺点各是什么？

2. 为什么索氏抽提法的测定结果为粗脂肪？测定中需要注意哪些问题？

3. 游离态脂肪与结合态脂肪的特点是什么（包括溶解性质、提取方法等）？

4. 索氏提取法测定脂肪含量的过程中，误差产生的来源及可能的预防措施。

5. 为什么提取用的乙醚和石油醚必须无水、无过氧化物？

实验三　食品中还原糖的测定（直接滴定法）

一、目的与要求

1. 掌握直接滴定法测定还原糖的原理和操作方法。

2. 学习蛋白质沉淀方法和干过滤操作。

3. 掌握容量法操作的基本技能。

二、原理

试样除去蛋白质后，在加热条件下以次甲基蓝作指示剂，用还原糖液直接滴定经过标定过的碱性酒石酸铜溶液，根据样品液消耗体积计算还原糖含量。

三、仪器、试剂和原料

1. 仪器

碱式滴定管、可调式电炉（带石棉板）。

2. 试剂

碱性酒石酸铜甲液：称取 15.00g 硫酸铜（$CuSO_4 \cdot 5H_2O$）及 0.05g 次甲基蓝，溶于水中并稀释至 1000mL。

碱性酒石酸铜乙液：称取 50.00g 酒石酸钾钠及 75g 氢氧化钠，溶于水中，再加入 4g 亚铁氰化钾，完全溶解后，用水稀释至 1000mL，储存于带橡胶塞的玻璃瓶中。

乙酸锌溶液：称取 21.9g 乙酸锌，加 3mL 冰乙酸，加水溶解并稀释至 100mL。

亚铁氰化钾溶液（106g/L）。

盐酸（1＋1）。

葡萄糖标准溶液（1.0mg/mL）：精密称取 1.000g 经过 98～100℃ 干燥至恒重的纯葡萄糖，加水溶解后加入 5mL 盐酸，并以水稀释至 1000mL。

转化糖标准溶液（1.0mg/mL）：准确称取 1.0526g 经过 98～100℃ 干燥至恒重的纯蔗糖，用 100mL 水溶解，置于具塞三角瓶中，加 5mL 盐酸（1＋1）在 68～70℃ 水浴中加热 15min，放置室温定容至 1000mL，每毫升标准溶液相当于 1.0mg 转化糖。

3. 原料

炼乳。

四、操作方法

1. 样品处理

称取约 2.50～5.00g 炼乳样品，置于小烧杯，加 50mL 水溶解，转移到 250mL 容量瓶中，慢慢加入 5mL 乙酸锌溶液及 5mL 亚铁氰化钾溶液，加水至刻度，混匀。沉淀，静置 30min，用干燥小滤纸做成菊花形干过滤，弃去初滤液 25mL，其余滤液备用。

2. 标定碱性酒石酸铜溶液

吸取 5.00mL 碱性酒石酸铜甲液及 5.00mL 乙液，置于 150mL 锥形瓶中，加水 10mL，加入玻璃珠 2 粒，从滴定管滴加约 9mL 葡萄糖标准溶液，控制在 2min 内加热至沸，趁沸以每两秒 1 滴的速度继续滴加葡萄糖标准溶液或其他还原糖标准溶液，直至溶液蓝色刚好退去为终点，记录消耗葡萄糖或其他还原糖标准溶液的总体积，同时平行操作三份，取其平均值，计算每 10mL（甲液、乙液各 5.00mL）碱性酒石酸铜溶液相当于葡萄糖的质量或其他还原糖的质量（mg）。

$$F = Vm$$

式中　F——10mL（甲液、乙液各 5mL）碱性酒石酸铜溶液相当于还原糖的质量，mg；

　　　V——平均消耗还原糖标准溶液的体积，mL；

　　　m——1mL 还原糖标准溶液相当于还原糖的质量，1mg。

3. 样品液预测

吸取 5.00mL 碱性酒石酸铜甲液及 5.00mL 乙液，置于 150mL 锥形瓶中，加水 10mL，加入玻璃珠 2 颗，控制在 2min 内加热至沸，趁沸以先快后慢的速度，从滴定管中滴加样品溶液，并保持溶液沸腾状态，待溶液颜色变浅时，以每两秒 1 滴的速度滴定，直至溶液蓝色刚好退去为终点，记录样液消耗体积（样品中还原糖浓度根据预测加以调节，以 0.1g/100g 为宜，即控制样液消耗体积在

10mL 左右，否则误差大）。

4. **样品溶液的测定**

吸取 5.00mL 碱性酒石酸铜甲液及 5.00mL 乙液置于 150mL 锥形瓶中，加水 10mL，加入玻璃珠 2 粒，从滴定管加比预测体积少 1mL 的样品溶液，控制在 2min 内加热至沸，趁沸继续以每两秒 1 滴的速度滴定，直至蓝色刚好退去为终点，记录样液消耗体积。同法平行操作三次，得平均消耗体积。

五、计算

$$X=\cfrac{F}{m\times\cfrac{V_2}{250}\times1000}\times100$$

式中　X——样品中还原糖的含量（以葡萄糖计），g/100g；

　　　F——10mL 碱性酒石酸铜溶液相当于还原糖（以葡萄糖计）的质量，mg；

　　　m——样品质量，g；

　　　V_2——测定时平均消耗样品溶液体积，mL；

　　　250——样品液总体积，mL。

六、注意事项

1. 本法为直接滴定法，经过标定的定量的碱性酒石酸铜试剂，可与定量的还原糖作用，根据样品溶液消耗体积，可计算样品中还原糖含量。此方法是国际通用的测定糖的蓝埃农方法的简易改进方法，省却了查表，用标准糖液做校准。方法简便快速，但要与标准糖液浓度相近，实验条件一致，否则会造成较大的实验误差。

2. 亚甲基蓝本身也是一种氧化剂，其氧化型为蓝色，还原型为无色。但它的氧化能力比碱性酒石酸铜更弱，还原糖将溶液中的碱性酒石酸铜耗尽时，稍微过量一点点的还原糖会将亚甲基蓝还原，变为无色状态，指示滴定终点，其反应是可逆的，当空气中的氧与无色亚甲基蓝结合时，又变为蓝色。滴定时要保持沸腾状态，使上升蒸汽阻止空气侵入溶液中。

3. 加入少量亚铁氰化钾，可使生成的红色氧化亚铜沉淀配位，形成可溶性配合物，消除红色沉淀对滴定终点的干扰，使终点变色更明显。

4. 本法对滴定操作条件要求很严。对碱性酒石酸铜溶液的标定，样品液必须预测，样品液测定的操作条件与预测条件均应保持一致。对每一次滴定所使用的锥形瓶规格、加热电炉功率、滴定速度、预加入大致体积、终点的确定方法等都尽量一致，以减少误差，并将滴定所需体积的绝大部分先加入碱性酒石酸铜试剂中共沸，使其充分反应，仅留 1mL 左右进行滴定，并判断终点。

5. 滴定必须在沸腾条件下进行，其原因一是可以加快还原糖与 Cu^{2+} 的反应速度；二是次甲基蓝变色反应是可逆的，还原型次甲基蓝遇空气中氧时又会被氧化为氧化型。此外，氧化亚铜也极不稳定，易被空气中氧所氧化。保持反应液沸腾可防止空气进入，避免次甲基蓝和氧化亚铜被氧化而增加耗糖量。

6. 样品预处理时乳制品中加入 5mL 乙酸锌溶液及 5mL 亚铁氰化钾溶液的目的是作为蛋白质沉淀剂去除蛋白质的干扰。滴定用的样品糖液必须无色、澄清透明，否则会严重影响滴定终点的判断。

7. 定容后液体的过滤，为保证浓度不变，宜采用干过滤，弃去初滤液。

8. 样品糖液放入滴定管，锥形瓶放入的是定量的碱性酒石酸铜试剂。

9. 直接滴定法测定的是样品中还原糖的量，如要测定蔗糖和总糖含量，需要水解。总糖的水解条件，5mL 的 6mol/L 盐酸、100℃ 回流 1h，水解后测定得到的还原糖的量为总糖量。蔗糖的水解条件（如温度 68～70℃、水解时间 15min）远比其他双糖水解条件低。因此在蔗糖的水解条件下，其他还原性双糖并不水解，也不破坏原有的单糖。水解蔗糖前后测定得到的还原糖增加量乘以 0.95 的校正系数，就是实际的蔗糖含量。

七、思考与讨论

1. 直接滴定法测定食品中还原糖的原理是什么？在测定过程中应注意哪些问题？

2. 直接滴定法测定食品中还原糖为什么必须在沸腾条件下进行滴定，且不能随意摇动三角瓶？

3. 碱性酒石酸铜乙液加入少量亚铁氰化钾的作用是什么？

4. 为什么要进行样品液预测？

5. 如何分别测定样品中的乳糖、蔗糖和总糖？

6. 如要测定食品中的糊精、淀粉，应如何测定？

实验四　食品中水分的测定（直接干燥法）

一、目的与要求

1. 了解采用常压干燥法以及真空干燥法测定水分的方法。

2. 熟练掌握分析天平的使用方法。

3. 明确造成直接干燥法测定误差的主要原因。

二、原理

直接干燥法原理：食品中的水分一般是指在 100℃ 左右直接干燥的情况下，所失去物质的总量。烘箱直接干燥法适用于在 95～105℃ 下，不含或含其他挥发性物质甚微的食品。

真空干燥法原理：食品中的水分指在一定的真空压力及温度的情况下失去物质的总量，适用于糖、味精等易分解的食品。

三、仪器、试剂和原料

1. 仪器

鼓风干燥箱、真空干燥箱、分析天平、称量瓶、干燥器。

2. 试剂

盐酸（6mol/L）：量取 100mL 盐酸，加水稀释至 200mL。

氢氧化钠溶液（6mol/L）：称取 24g 氢氧化钠，加水溶解并稀释至 100mL。

海砂：取用水洗去泥土的海砂或河砂，先用 6mol/L 盐酸煮沸 0.5h，用水洗至中性，再用 6mol/L 氢氧化钠溶液煮沸 0.5h，用水洗至中性，经 105℃ 干燥备用。

3. 原料

蔬菜制品、白砂糖。

四、操作方法

1. 直接干燥法

固体样品：取洁净铝制或玻璃制的扁形称量瓶，内加 10.0g 海砂及一根小玻棒，置于 95～105℃ 干燥箱中，瓶盖斜支于瓶边，加热 0.5～1.0h，取出盖好，置干燥器内冷却 0.5h，称量，并重复干燥至恒重，记录称量瓶（加海砂、玻棒）的质量。

称取 2.00～10.0g 切碎或磨细的蔬菜制品均匀样品，放入此称量瓶中，样品厚度约为 5mm。加盖，精密称量，记录称量瓶（加海砂、玻棒）和样品的质量。将它们置 95～105℃ 干燥箱中，瓶盖斜支于瓶边，干燥 2～4h 后，盖好取出，放入干燥器内冷却 0.5h 后称量。然后再放入 95～105℃ 干燥箱中干燥 1h 左右，取出，放干燥器内冷却 0.5h 后再称量。至前后两次质量差不超过 2mg，即为恒重，记录称量瓶（加海砂、玻棒）和样品干燥后的质量。

2. 减压干燥法

按直接干燥法的要求称取白砂糖样品，放入真空干燥箱内，将干燥箱连接水泵，抽出干燥箱内空气至所需压力（一般为 300～400mmHg❶），并同时加热至

---

❶　1mmHg=133.322Pa。

所需温度（50~60℃）。关闭通水泵或真空泵上的活塞，停止抽气，使干燥箱内保持一定的温度和压力，经一定时间后，打开活塞，使空气经干燥装置缓缓通入干燥箱内，待压力恢复正常后再打开。取出称量瓶，放入干燥器中 0.5h 后称量，并重复以上操作至恒重。计算同直接干燥法。

五、计算

$$X = \frac{m_1 - m_2}{m_1 - m_3} \times 100$$

式中　X——样品中水分的含量，%；

　　　m_1——称量瓶（加海砂、玻棒）和样品的质量，g；

　　　m_2——称量瓶（加海砂、玻棒）和样品干燥后的质量，g；

　　　m_3——称量瓶（加海砂、玻棒）的质量，g。

计算结果保留 3 位有效数字。

六、注意事项

1. 常用的烘箱干燥法，分为常压、减压（真空）两种，其所用的干燥时间、温度、压力依待测样品的不同而不同。直接干燥法操作简单，但时间长，对胶体、高脂肪、高糖食品以及含有较多高温易氧化、易挥发、易分解物质的食品不合适。减压干燥法操作真空压力 300~400mmHg 柱，在较低温度 50~60℃下干燥，可防止高温下脂肪氧化、糖类脱水炭化、氨基酸分解，适合用于胶状样品、高温下易分解的样品和水分较多挥发较慢的样品。

2. 本法利用水分的挥发来测定。为保证测定准确性，样品质量通常控制其干燥残留物为 2~4g。对于蔬菜制品每平方厘米称量皿底面积内，控制其干燥残留物为 9~12mg。

3. 称量皿有玻璃质、铝质（铝质不耐酸碱）。称量皿底部直径：对少量液体为 4~5cm；对多量液体为 6.5~9.0cm；对水产品为 9.0cm。一般平铺后厚度不超过器皿的 1/3。

4. 放入海砂，可增大受热与蒸发面积，防止食品结块，加速水分蒸发，缩短分析时间。

5. 经过加热干燥后的称量皿要迅速放入干燥器内冷却，干燥器内硅胶干燥剂变红色时应及时更换。

6. 水分蒸发是否完全，无直观指标，只能依靠恒重来观察。干燥前后两次质量差不超过 2mg，即为恒重。

七、思考与讨论

1. 食品中水分的存在形式有哪些，各有什么特点？

2. 干燥法测定水分含量为什么要求试样中水分是唯一的挥发物质？

3. 常压干燥法和真空干燥法各有何特点？

4. 实验过程中误差的来源有哪些？怎样减少误差？

5. 为什么经过加热干燥的称量皿要放入干燥器内冷却后再称量？

实验五　食品中灰分的测定（高温灼烧法）

一、目的与要求

1. 明确灰分的测定与控制产品质量的关系。
2. 掌握液体食品的基本灰化方法。

二、原理

食品经高温灼烧后所残留的无机物质称为灰分，灰分采用灼烧重量法测定。

三、仪器、试剂和原料

1. 仪器

高温炉（马弗炉）、瓷坩埚、水浴锅、电炉、干燥器、分析天平。

2. 原料

原果汁。

四、操作方法

1. 称取坩埚质量

取适宜的已洗净并做好标记的瓷坩埚置高温炉中，在600℃下灼烧0.5h，冷至200℃以下后取出，放入干燥器中冷至室温，精密称量，并重复灼烧至恒重，记录坩埚的质量。

2. 称取坩埚与样品质量

在瓷坩埚中加入25g果汁样品后，精密称量，记录坩埚和样品的质量。

3. 称取坩埚与灰分质量

装液体样品的瓷坩埚先在沸水浴上蒸干；蒸干后的瓷坩埚，先在电炉上以小火加热使样品充分炭化至无烟，然后置高温炉中，在550～600℃灼烧至无炭粒，即灰化完全。冷至200℃以下后取出放入干燥器中冷却至室温，称量。重复灼烧，至前后两次称量相差不超过2mg为恒重，记录坩埚和灰分的质量。

五、计算

$$X = \frac{m_1 - m_2}{m_3 - m_2} \times 100$$

式中 X——样品中灰分的含量，%；

　　m_1——坩埚和灰分的质量，g；

　　m_2——坩埚的质量，g；

　　m_3——坩埚和样品的质量，g。

计算结果保留 3 位有效数字。

六、注意事项

1. 果汁、牛乳等含水较多的液体样品，先在水浴上蒸干；含水较多的果蔬及动物性食品，用烘箱干燥（先在 60～70℃，然后在 105℃）；富含脂肪的样品可以先提取脂肪，然后分析其残留物。

2. 为保证测定的准确性，需要一定量的样品。取样量应根据试样种类和性状来决定，同时应考虑到称量误差。样品称重参考：一般以灼烧后得到的灰分量为 50～500mg 来决定取样量。奶粉、麦乳精、大豆粉、调味料、鱼类及海产品等取 1～2g；谷类食品、牛乳 3～5g；糖及糖制品、肉制品、蔬菜制品 5～10g；果汁 25g；鲜果或罐藏水果 25g；果酱、果冻、脱水水果 10g。油脂取 50g。

3. 一般采用瓷坩埚，其耐高温（1200℃），内壁光滑，耐稀酸，价格低廉；但耐碱性较差，易发生破裂。为了便于识别，所用的坩埚应用蓝墨水或三氯化铁溶液做标记。

4. 操作条件的选择

(1) 灰化温度：灰化温度因样品而异，由于各种食品中的无机成分组成性质及含量不同，灰化温度也不同，一般为 525～600℃。大致如下，糖及糖制品、肉及肉制品、蔬菜制品、水果及其制品不超过 525℃；谷类、茎秆饲料，规定600℃；乳制品（奶油除外）不超过 500℃；鱼类、海产品、酒不超过 550℃。

(2) 灰化时间：对于一般样品，灰化时间没有严格规定，要求灼烧至灰分呈全白色或浅灰色并达到恒重，一般需 2～5h。灰分有时呈一定颜色，如铁含量高的显褐色，锰、铜含量高的显蓝绿色。

5. 对于难灰化的样品可以采用以下方法：①灼烧样品加入少量水，研碎，蒸去水分，干燥再进行灼烧，必要时重复以上操作。②可以加入硝酸、乙醇、碳酸铵、过氧化氢等，因其灼烧后完全消失。③加氧化镁、碳酸钙等不熔物。但注意要做空白试验。

6. 为防止在灼烧时试样中的水分急剧蒸发使试样飞扬，防止糖、蛋白质、淀粉在高温下发泡膨胀而溢出坩埚，不经炭化而直接灰化，碳粒易被包住，灰化不完全，可以在灰化前在电炉或酒精灯上进行炭化。半盖坩埚盖，小心加热直到无黑烟产生。对特别容易膨胀的试样，可先于试样中加数滴辛醇或纯植物油，再进行炭化。

7. 在放入和拿出高温炉中时，坩埚需预热或冷却，防止因温度剧变而使坩埚破裂。灼烧后的坩埚应冷却到 200℃ 以下再移入干燥器（否则因热的对流作用，易造成残灰飞散，且冷却速度慢，冷却后干燥器内形成较大真空，盖子不易打开）。

8. 从干燥器取出坩埚时，因内部形成真空，开盖恢复常压时，应慢慢开盖，使空气缓缓流入，防残灰飞散。

9. 用过的坩埚经初步洗刷后，用粗盐酸浸泡 10～20min，再用水冲刷洗净后备用。

七、思考与讨论

1. 食品中灰分测定的项目主要有哪些？
2. 测定食品灰分的意义。
3. 灰化条件和样品组分有什么关系？
4. 灰分测定的误差有哪些？如何降低这些误差？
5. 如何根据样品性质选择样品预处理方法。

实验六　食品中钙的测定（EDTA 滴定法）

一、目的与要求

1. 掌握 EDTA 滴定法测定食品中钙的原理和方法。
2. 熟练容量法操作。
3. 掌握钙的湿法混合酸消化的操作技术。

二、原理

钙离子与氨羧配位剂（EDTA）在 pH 12～14 时能生成稳定的金属配合物 EDTA-Ca（酒红色），其稳定性较钙与指示剂所形成的配合物为强。在适当的 pH 值范围内，以 EDTA 滴定，在达到当量点时，EDTA 就从指示剂配合物中夺取钙离子，使溶液呈现游离指示剂的颜色（蓝色）。根据 EDTA 配位剂滴定用量，可计算钙的含量。铁、铜、汞等其他金属离子有干扰，需加掩蔽剂排除。

三、仪器、试剂和原料

1. 仪器

匀浆器、电热板、高型烧杯（250mL）、碱式滴定管（50mL）。

所有玻璃仪器均以硫酸-重铬酸钾洗液浸泡，再用洗衣粉充分洗刷后用水冲洗，最后用去离子水冲洗，干燥。

2. 试剂

0.01mol/L EDTA 标准溶液：精确称取 3.72g 乙二胺四乙酸二钠，用去离子水稀释至 1000mL，储存于聚乙烯瓶中，4℃保存。使用时稀释 10 倍即可。

钙标准溶液（0.1g/mL）：精确称取 0.1248g 基准碳酸钙（纯度大于99.99%，105～110℃烘干 2h 并经干燥器冷却）于 100mL 烧杯中，用少量水湿润，盖上表面皿，从烧杯边上缓慢加入 6mol/L 盐酸溶液 10mL，摇动使之溶解，转入 500mL 容量瓶中，用去离子水清洗烧杯、定容。储存于聚乙烯瓶中，4℃保存。

2mol/L 氢氧化钠溶液。

6mol/L 盐酸溶液。

氰化钾溶液（10g/L）：称取 1.0g 氰化钾，用去离子水稀释至 100mL。

柠檬酸钠溶液（0.05mol/L）：称取 14.7g 柠檬酸钠，用去离子水稀释至 1000mL。

混合酸消化液：硝酸与高氯酸（4＋1）。

钙红指示剂（1g/L）：称取 0.1g 钙红指示剂，用 95% 乙醇稀释至 100mL，溶解后即可使用，储存于冰箱中可保持一个半月以上。

3. 原料

钙强化饼干。

四、操作方法

1. 消化

饼干样品用不锈钢制打碎机粉碎。精确称取均匀样品 1～2g，记录样品称重质量，放入 250mL 高型烧杯，加混合酸消化液 20～30mL，上盖表面皿。置于电热板上加热消化。如酸液过少时，再补加 10mL 混合酸消化液，继续加热消化，直至无色透明为止。加 10mL 去离子水，加热以除去多余的硝酸。待烧杯中的液体接近 2～3mL 时，取下冷却，转移至 10mL 容量瓶中，定容。

取与消化样品相同量的混合酸消化液，按上述操作，做试剂空白试验。

2. 测定

（1）标定 EDTA 浓度　吸取 10mL 钙标准溶液于 150mL 三角瓶中加水

10mL，用氢氧化钠溶液调 pH 中性后再加 2mol/L 氢氧化钠溶液 2mL、0.05mol/L 柠檬酸钠溶液 1mL、1 滴氰化钾溶液以及钙红指示剂 5 滴，用 EDTA 标准溶液滴定，至指示剂由酒红色变蓝色为终点，记录 EDTA 滴定体积。根据滴定结果计算出每毫升 EDTA 相当于钙的质量（mg），即滴定度（T）。

（2）样品及空白滴定　吸取 1～5mL 样品消化液及空白液于三角瓶中，用上述方法分别滴定样品消化液及空白液，记录消耗的 EDTA 标准溶液的体积。

五、计算

$$X = \frac{T\ (V-V_0)\ f \times 100}{m}$$

式中　X——样品中钙元素含量，mg/100g。

T——EDTA 滴定度，mg/mL；

V——滴定样品时所用 EDTA 量，mL；

V_0——滴定空白时所用 EDTA 量，mL；

f——样品稀释倍数；

m——样品质量，g。

计算结果表示到小数点后两位。本方法同实验室平行测定或连续两次测定结果的重复性误差应小于 10%。

六、注意事项

1. 此法为 GB/T 5009.92 方法，适用于各种食品中钙的测定。滴定法测钙的线性范围是 5～50μg，比原子吸收法较大，但食品中常规钙含量较高，故适用于各种食品中钙的测定。

2. 微量元素分析的样品制备过程中应特别注意防止各种污染。钙测定的样品不得用石磨研碎，所用设备必须是不锈钢制品，所用容器必须使用玻璃或聚乙烯制品。取样后立即密封保存，防止空气中的灰尘和水分污染。样品处理也可采用干法灰化。

3. 用盐酸溶解碳酸钙时，要用表面皿盖好烧杯后再加盐酸，以防喷溅。

4. 实验中加入氰化钾作为滴定中的掩蔽剂，在 pH 大于 8 的溶液中，氰化物可掩蔽 Cu^{2+}、Ni^{2+}、Co^{2+}、Zn^{2+}、Hg^{2+}、Cd^{2+}、Ag^+、Fe^{2+}、Fe^{3+} 等离子的干扰。

5. 氰化钾是剧毒物质，必须在碱性条件下使用，以防止在酸性条件下生成氢氰酸逸出，测定完的废液要加氢氧化钠和硫酸亚铁处理，使生成亚铁氰化钠。

七、思考与讨论

1. 食品中测定钙的方法有哪些？
2. 滴定法测定钙的原理是什么？
3. 实验中加入氰化钾的作用是什么？
4. 用滴定法测定钙含量的误差来源有哪些？

实验七　食品中铁的测定

方法一　硫氰酸钾比色法

一、目的与要求

1. 掌握用硫氰酸钾比色法测定食品中铁的原理和方法。
2. 掌握分光光度计的操作方法。
3. 掌握干法灰化的操作技术。

二、原理

在酸性条件下，三价铁离子与硫氰酸钾作用，生成血红色的硫氰酸铁配合物，溶液颜色深浅与铁离子浓度成正比，故可以比色测定。

三、仪器、试剂和原料

1. 仪器
分光光度计。
2. 试剂
盐酸（1+1）。
高锰酸钾溶液（20g/L）。
硫氰酸钾溶液（200g/L）。
过硫酸钾溶液（20g/L）。
浓 H_2SO_4。
铁标准储备液（100μg/mL）：准确称取 0.4979g 硫酸亚铁（$FeSO_4 \cdot 7H_2O$）溶于 100mL 水中，加入 5mL 浓硫酸微热，溶解后立即滴加 2％高锰酸钾溶液，至最后一滴红色不退色为止，用水定容至 1000mL，摇匀，得标准储备液。
铁标准使用液（10μg/mL）：取铁标准储备液 10mL 于 100mL 容量瓶中，加水至刻度，混匀，得标准使用液。

3. 原料

强化奶粉。

四、操作方法

1. 样品处理

称取均匀样品 10.0g，干法灰化后，加入 2mL 盐酸（1＋1），在水浴上蒸干，再加入 5mL 蒸馏水，加热煮沸后移入 100mL 容量瓶中，以水定容，混匀。

2. 标准曲线绘制

准确吸取上述铁标准使用溶液 0mL、1.0mL、2.0mL、3.0mL、4.0mL、5.0mL，分别置于 25mL 比色管中，各加 5mL 水、0.5mL 浓硫酸、0.2mL 过硫酸钾溶液、2mL 硫氰酸钾溶液，混匀，稀释至刻度，用 1cm 比色皿，在 485nm 处，以空白试剂作参比，测定吸光度。以铁含量（μg）为横坐标，以吸光度为纵坐标，绘制标准曲线。

3. 样品测定

准确吸取样液 5～10mL，置于 25mL 比色管中，以下按标准曲线步骤进行，测得吸光度，从标准曲线上求出相对应的铁的含量。

五、计算

$$X = \frac{X_1}{m \times \dfrac{V_1}{V_2}}$$

式中　X——样品中铁含量，mg/kg；

X_1——从标准曲线上求得测定用样液相当的铁量，μg；

V_1——测定用样液体积，mL；

V_2——样液总体积，mL；

m——样品质量，g。

计算结果保留三位有效数字。

六、注意事项

1. 加入的过硫酸钾是作为氧化剂，以防止三价铁转变成二价铁。

2. 硫氰酸铁的稳定性差，时间稍长，红色会逐渐消退，故应在规定时间内完成比色测定。

3. 随硫氰酸根浓度的增加，Fe^{3+} 与之形成 $FeCNS^{2+}$ 直至 $Fe(CNS)_6^{3-}$ 等一系列化合物，溶液颜色由橙黄色至血红色，影响测定，因此，应严格控制硫氰酸钾的用量。

七、思考与讨论

硫氰酸钾比色法的原理？如何去除干扰？

方法二　原子吸收分光光度法

一、目的与要求

1. 掌握用原子吸收分光光度法测定食品中铁的原理和方法。
2. 掌握原子吸收分光光度计的结构和操作方法。

二、原理

样品经湿法消化后，导入原子吸收分光光度计中，经火焰原子化后，铁吸收 248.3nm 的共振线，其吸收量与其含量成正比，与标准系列比较定量。

三、仪器、试剂和原料

1. 仪器

原子吸收分光光度计。

2. 试剂

要求使用去离子水，优级纯试剂。

盐酸。

硝酸。

高氯酸。

混合酸消化液：硝酸与高氯酸（4+1）。

硝酸溶液（0.5mol/L）：量取 45mL 硝酸，加去离子水并稀释至 1000mL。

铁标准储备溶液（1mg/mL）：精确称取金属铁 1.0000g，加硝酸溶解，移入 1000mL 容量瓶中，加 0.5mol/L 硝酸溶液并稀释至刻度，摇匀。储存于聚乙烯瓶内，4℃保存。

铁标准应用液（100μg/mL）：吸取标准储备溶液（1000μg/mL）10.0mL，移入 100mL 容量瓶中，加 0.5mol/L 硝酸溶液并稀释至刻度。储存于聚乙烯瓶内，4℃保存。

3. 原料

奶粉、面粉。

四、操作方法

1. 样品处理

样品用粉碎机粉碎均匀，精确称取均匀样品 0.5～1.5g 于 250mL 高型烧杯中，加混合酸消化液 20～30mL，上盖表面皿，置于电热板上加热消化。如未消化好而酸液过少时，再补加 10mL 混合酸消化液，继续加热消化，直至无色透明为止。继续加 10mL 去离子水，加热以除去多余的硝酸。待烧杯中的液体接近 2～3mL 时，取下冷却。用去离子水洗并转移于 10mL 容量瓶中，加水定容至刻度。

取与样品消化处理相同量的混合酸消化液，按上述操作，做试剂空白试验。

2. 测定

配制 0μg/mL、0.5μg/mL、1μg/mL、2μg/mL、3μg/mL、4μg/mL 铁的标准稀释液系列。

其他实验条件：仪器狭缝、空气及乙炔的流量、灯头高度、元素灯电流等均按使用的仪器说明调至最佳状态。

将消化好的样液、试剂空白液和铁的标准稀释液系列分别导入火焰，然后在 248.3nm 特征波长下进行测量，记录吸光度。以铁的标准系列溶液浓度与对应的吸光度绘制标准曲线。

五、计算

测定用试样液及试剂空白液，由标准曲线查出浓度值（c 以及 c_0），再按下式计算。

$$X = \frac{(c - c_0)\ Vf \times 100}{m \times 1000}$$

式中　X——样品中元素的含量，mg/100g；

$\quad c$——由标准曲线求出测定用样品中元素的浓度，g/mL；

$\quad c_0$——由标准曲线求出试剂空白液中元素的浓度，g/mL；

$\quad V$——样品定容体积，mL；

$\quad f$——稀释倍数；

$\quad m$——样品质量，g；

计算结果表示到小数点后两位。在重复性条件下获得的两次独立测定结果的绝对差值不得超过算术平均值的 10%。

六、注意事项

1. 此法为 GB/T 5009.90 方法，适用于各种食物中铁的测定。

2. 样品处理要防止污染，所用器皿均应使用塑料或玻璃制品，使用的试管和器皿都应在使用前用酸泡并去离子水冲洗干净，干燥后使用。

3. 样品消化时注意高氯酸不要烧干，以免发生爆炸危险。

七、思考与讨论

1. 食品中测定铁的方法有哪些？
2. 原子吸收分光光度法有什么优缺点？

实验八 食品中锌的测定

方法一 火焰原子吸收光谱法

一、目的与要求

1. 掌握用火焰原子吸收光谱法测定食品中锌含量的原理和方法。
2. 掌握原子吸收分光光度计的结构和操作方法。
3. 掌握干法灰化的操作技术。

二、原理

样品经处理后，导入原子吸收分光光度计中，原子化以后，吸收 213.8nm 共振线，其吸收量与锌量成正比，与标准系列比较定量。

三、仪器、试剂和原料

1. 仪器
原子吸收分光光度计。
2. 试剂
要求使用去离子水，优级纯或高纯试剂。
4-甲基戊酮-[2]（MIBK，又名甲基异丁酮）。
磷酸（1+10）。
盐酸（1+11）。
混合酸：硝酸+高氯酸（3+1）。
锌标准溶液（0.5mg/mL）：精密称取 0.5000g 金属锌（99.99%），溶于 10mL 盐酸中，然后在水浴上蒸发至近干，用少量水溶液荡洗后转入 1000mL 容量瓶中，以水稀释至刻度，摇匀。储于聚乙烯瓶中。
锌标准使用液（100μg/mL）：吸取 10.0mL 锌标准溶液，置于 50mL 容量瓶中，以 0.1mol/L 盐酸稀释至刻度。
3. 原料
蔬菜、瓜果及豆类。

四、操作方法

1. 样品处理

将蔬菜、瓜果的可食部分洗净、晾干，充分切碎混匀。称取 10.00～20.00g，置于 50mL 瓷坩埚中，小火炭化至无烟，移入马弗炉中，（500±25）℃灰化约 8h 后，取出坩埚，放冷后再加少量混合酸，小火加热，不使干涸，必要时再加少许混合酸，如此反复处理，直至残渣中无炭粒。待坩埚稍冷，加 10mL 盐酸（1＋11），溶解残渣并移入 50mL 容量瓶中，再用盐酸（1＋11）反复洗涤坩埚，洗液并入容量瓶中，并稀释至刻度，混匀备用。

取与样品处理相同量的混合酸和盐酸（1＋11）按同一操作方法做试剂空白试验。

2. 测定

吸取 0mL、0.10mL、0.20mL、0.40mL、0.80mL 锌标准使用液，分别置于 50mL 容量瓶中，以 1mol/L 盐酸稀释至刻度，混匀（各容量瓶中锌浓度分别相当于 0μg/mL、0.2μg/mL、0.4μg/mL、0.8μg/mL、1.6μg/mL）。

将处理后的样液、试剂空白液和锌标准液系列分别导入调至最佳条件的火焰原子化器进行测定。参考测定条件：灯电流 6mA，波长 213.8nm，狭缝 0.38nm，空气流量 10L/min，乙炔流量 2.3L/min，灯头高度 3mm，氘灯背景校正（也可根据仪器型号，调至最佳条件）。以锌含量对应吸光度，计算锌标准液的直线回归方程。记录试样、空白吸收值，代入方程求出含量。

五、计算

$$X = \frac{(A_1 - A_2)\ V \times 1000}{m_1 \times 1000}$$

式中　X——样品中锌的含量，mg/kg；

　　A_1——测定用样品液中锌的含量，μg/mL；

　　A_2——试剂空白液中锌的含量，μg/mL；

　　m_1——样品质量，g；

　　V——样品处理液的总体积，mL。

计算结果保留两位有效数字。

在重复性条件下获得的两次独立测定结果的绝对差值不得超过算术平均值的 10%。

六、注意事项

1. 一般食品，通过样品处理后的试样水溶液直接喷雾进行原子吸收测定即可得出准确的结果。但是当样品中有食盐、碱金属、碱土金属以及磷酸盐大量存在时，需用溶剂萃取法将锌提取出来，排除共存盐类的影响。对锌含量较低的样品如蔬菜、水果等，也可采用萃取法将锌浓缩，以提高测定灵敏度。

2. 锌的溶剂萃取常用 APDC-MIBK 提取方法，在 pH 5～10 的介质中，锌能与吡咯烷二硫代氨基甲酸铵（APDC）生成配合物被 MIBK 萃取，因而不必调整溶液的 pH 值。

3. 实验前要测空白值，检查水、器皿的锌污染至稳定合格。

七、思考与讨论

1. 火焰原子吸收分光光度计的结构？其工作的原理？
2. 原子吸收分光光度法测定有什么优点？如何去干扰？

方法二　二硫腙比色法

一、目的与要求

1. 掌握用二硫腙比色法测定食品中锌含量的原理和方法。
2. 掌握消化操作技术。

二、原理

样品经消化后，在 pH 4.0～5.5 时，锌离子与二硫腙形成紫红色配合物，溶于四氯化碳，加入硫代硫酸钠防止铜、汞、铅、铋、银和镉等离子干扰，与标准系列比较定量。

三、仪器、试剂和原料

1. 仪器
分光光度计。
2. 试剂
乙酸钠溶液（2mol/L）：称取 68g 乙酸钠，加水溶解后稀释至 250mL。
乙酸（2mol/L）：量取 10.0mL 冰乙酸，加水稀释至 85mL。
乙酸-乙酸盐缓冲液：2mol/L 乙酸钠溶液与 2mol/L 乙酸等体积混合，此溶液 pH 为 4.7 左右，用 0.1g/L 的二硫腙四氯化碳溶液提取数次，每次 10mL，除去其中的锌，至四氯化碳层绿色不变为止，弃去四氯化碳层。
氨水（1+1）。
盐酸（2mol/L）：量取 10mL 盐酸，加水稀释至 60mL。
盐酸（0.02mol/L）：吸取 1mL 2mol/L 盐酸，加水稀释至 100mL。

酚红指示液（1g/L）：称取 0.1g 酚红，加少量乙醇溶解，并稀释至 100mL。

盐酸羟胺溶液（200g/L）：称取 20g 盐酸羟胺，加 60mL 水，用 2mol/L 乙酸调节 pH 至 4.0～5.5，用水稀释至 100mL。

硫代硫酸钠溶液（250g/L）：称取 25g 硫代硫酸钠，加 60mL 水，用 2mol/L 乙酸调节 pH 至 4.0～5.5，用水稀释至 100mL。

二硫腙四氯化碳溶液（0.1g/L）。

二硫腙使用液：吸取 1.0mL 0.1g/L 二硫腙四氯化碳溶液，加四氯化碳至 10.0mL，混匀。用 1cm 比色杯，以四氯化碳调节零点，于波长 530nm 处测吸光度 A。用下式计算出配制 100mL 二硫腙使用液（57%透光率）所需 0.1g/L 二硫腙四氯化碳溶液体积（VmL）。

$$V = 2.44/A$$

锌标准溶液（100.0μg/mL）：精密称取 0.1000g 锌，加 10mL 的 2mol/L 盐酸，溶解后移入 1000mL 容量瓶中，加水稀释至刻度。

锌标准使用溶液（1.0μg/mL）：吸取 1.0mL 锌标准溶液，置于 100mL 容量瓶中，加 1mL 的 2mol/L 盐酸，以水稀释至刻度。

3. 原料

蔬菜、水果。

四、操作方法

1. 样品消化

称取 25.00～50.00g 洗净打成匀浆的蔬菜、水果样品，置于 250～500mL 定氮瓶中，加数粒玻璃珠、10～15mL 硝酸-高氯酸混合液，放置片刻，小火缓缓加热，待作用缓和，放冷。沿瓶壁加入 5～10mL 硫酸，再加热，至瓶中液体开始变成棕色时，不断沿瓶壁滴加硝酸-高氯酸混合液至有机质分解完全。加大火力，至产生白烟，待瓶口白烟冒净后，瓶内液体再产生白烟为消化完全，该溶液应澄明无色或微带黄色，放冷。在操作过程中应注意防止烧干。加 20mL 水，煮沸除去残余的硝酸至产生白烟为止，如此处理两次，放冷。将冷后的溶液移入 50mL 容量瓶中，用水洗涤定氮瓶，洗液并入容量瓶中，放冷，加水至刻度，混匀。

取与消化样品相同量的硝酸-高氯酸混合液和硫酸，按同一方法做试剂空白试验。

2. 样品测定

准确吸取 5.0～10.0mL 定容的样品消化液和相同量的试剂空白液，分别置于 125mL 分液漏斗中，加 5mL 水、0.5mL 盐酸羟胺溶液，摇匀，再加 2 滴酚红指示液，用氨水（1+1）调节至红色。再加 5mL 0.1g/L 二硫腙-四氯化碳溶液，剧烈振摇 2min，静置分层。将四氯化碳层移入另一分液漏斗中，水层再用少量二硫腙-四氯化碳溶液振摇提取，每次 2~3mL，直至二硫腙-四氯化碳溶液绿色不变为止。合并提取液，用 5mL 水洗涤，四氯化碳层用 0.02mol/L 盐酸提取 2 次，每次 10mL，提取时剧烈振摇 2min，合并盐酸提取液，并用少量四氯化碳洗去残留的二硫腙。

吸取 0mL、1.0mL、2.0mL、3.0mL、4.0mL、5.0mL 锌标准使用液，（相当 0μg、1.0μg、2.0μg、3.0μg、4.0μg、5.0μg）分别置于 125mL 分液漏斗中，各加盐酸（0.02mol/L）至 20mL。

于样品提取液、试剂空白提取液及锌标准溶液各分液漏斗中加 10mL 乙酸-乙酸盐缓冲液、1mL 250g/L 硫代硫酸钠溶液，摇匀，再各加入 10.0mL 二硫腙使用液，剧烈振摇 2min。静置分层后，经脱脂棉将四氯化碳层滤入 1cm 比色杯中，以四氯化碳调节零点，于波长 530nm 处分别测吸光度。

锌标准溶液各点吸光度对应锌的质量呈线性关系，计算直线回归方程。样品提取液、试剂空白提取液的吸光度分别代入方程可求得样品消化液、空白液中锌的量。

五、计算

$$X = \frac{(A_1 - A_2) \times 1000}{m \times \dfrac{V_2}{V_1} \times 1000}$$

式中　X——样品中锌的含量，mg/kg；

　　　A_1——测定用样品消化液中锌的质量，μg；

　　　A_2——试剂空白液中锌的质量，μg；

　　　m——样品质量，g；

　　　V_1——样品消化液的总体积，mL；

　　　V_2——测定用消化液的体积，mL。

在重复性条件下获得的两次独立测定结果的绝对差值不得超过算术平均值的 10%。

六、注意事项

1. 测定时加入硫代硫酸钠、盐酸羟胺和在控制 pH 值的条件下，可防止铜、汞、铅、铋、银和镉等离子的干扰，并能防止二硫腙被氧化。

2. 所用玻璃仪器用稀硝酸浸泡 24h 以上，然后用不含锌的蒸馏水冲洗净。

3. 在消化操作过程中用高氯酸，应注意防止烧干造成爆沸或爆炸。

4. 硫代硫酸钠是较强的配合剂，它可配合金属，即可与锌配合干扰测定，所以只有使锌从配合物中释放出来，才能被二硫腙提取，而锌的释放又比较缓慢，因此必须剧烈振摇 2min。

七、思考与讨论

1. 二硫腙比色法测定锌的原理是什么？
2. 实验中如何防止二硫腙被氧化？
3. 实验中误差的来源及防止措施有哪些？

实验九　食品中抗坏血酸（维生素 C）的测定

方法一　2,6-二氯靛酚测定抗坏血酸

一、目的与要求

掌握 2,6-二氯靛酚测定还原型抗坏血酸的原理和方法。

二、原理

还原型抗坏血酸能定量地还原染料 2,6-二氯靛酚，该染料在酸性中呈红色，被还原后红色消失。还原型抗坏血酸还原 2,6-二氯靛酚后，本身被氧化成脱氢抗坏血酸。在没有杂质干扰时，样品提取液还原标准 2,6-二氯靛酚的量与样品中所含维生素 C 的量成正比。

三、仪器、试剂和原料

1. 仪器
组织捣碎机、滴定管。
2. 试剂
草酸溶液（10g/L）：溶解 10g 草酸结晶于 200mL 水中，然后稀释至 1000mL。
草酸溶液（20g/L）：溶解 20g 草酸结晶于 200mL 水中，然后稀释至 1000mL。
淀粉溶液（10g/L）。
碘化钾溶液（60g/L）。
碘酸钾溶液（0.00167mol/L）：精确取 110℃ 干燥后的碘酸钾 0.3567g，用水稀释至 100mL。吸取此溶液 1mL，用水稀释至 100mL。此溶液 1mL 相当于抗坏血酸 0.088mg。

抗坏血酸标准溶液（0.02mg/mL）：准确称取 20mg 分析纯抗坏血酸，溶于 10g/L 草酸溶液中，移入 100mL 容量瓶中，并用草酸溶液稀释至刻度，混匀，置冰箱中保存。使用时用草酸溶液稀释 10 倍，并准确标定其浓度，方法如下：吸取标准使用液 5mL 于三角烧瓶中，加入碘化钾溶液 0.5mL、淀粉溶液 3 滴，再以 0.00167mol/L 碘酸钾标准溶液滴定，终点为淡蓝色。

计算如下：

$$c = (V_1 \times 0.088)/V_2$$

式中　c——抗坏血酸浓度，mg/mL；

V_1——滴定时所耗 0.00167mol/L 碘酸钾标准溶液的量，mL；

V_2——所取抗坏血酸的体积，mL；

0.088——1mL 0.00167mol/L 碘酸钾标准溶液相当于抗坏血酸的含量，mg/mL。

2,6-二氯靛酚溶液：称取碳酸氢钠 52mg，溶于 200mL 沸水中，然后称取 2,6-二氯靛酚 50mg，溶解在上述碳酸氢钠的溶液中，待冷，置于冰箱中过夜，次日过滤置于 250mL 容量瓶中，用水稀释至刻度，摇匀。此液应储于棕色瓶中并冷藏，每星期至少标定 1 次。标定方法：取 5mL 已知浓度的抗坏血酸标准溶液，加入草酸溶液 5mL，摇匀，用上述配制的染料溶液滴定至溶液呈粉红色，于 15s 不退色为止。计算方法如下：

$$T = cV_1/V_2$$

式中　T——每毫升染料溶液相当于维生素 C 的质量，mg/mL；

c——抗坏血酸（维生素 C）的浓度，mg/mL；

V_1——抗坏血酸的量，mL；

V_2——消耗染料溶液量，mL。

3. 原料

新鲜蔬菜、水果。

四、操作方法

① 称取 50.0～100.0g 样品，加等量的 20g/L 草酸溶液，倒入组织捣碎机中捣成匀浆。称取 10.00～30.00g 浆状样品置于小烧杯中，用 10g/L 草酸溶液将样品移入 100mL 容量瓶中，并稀释至刻度，摇匀。

② 将样液干过滤，弃去最初的滤液。若样液具有颜色，用白陶土去色，然后迅速吸取 5～10mL 滤液，置于 50mL 三角烧瓶中，用标定过的 2,6-二氯靛酚染料溶液滴定之，直至溶液呈粉红色，15s 内不退色为终点，记录 2,6-二氯靛酚染料溶液滴定体积，同时做空白。

五、计算

$$c=(V-V_0)T\times100/W$$

式中　c——样品中抗坏血酸含量，mg/100g；

　　　V——滴定时所耗去染料溶液的量，mL；

　　　V_0——空白滴定耗去染料溶液的量，mL；

　　　T——1mL 染料溶液相当于抗坏血酸标准溶液的量，mg/mL；

　　　W——滴定时所取的滤液中含样品量，g。

六、注意事项

1. 所有试剂配制最好用重蒸馏水。

2. 样品取样后，应浸泡在已知量 20g/L 草酸溶液中，以免发生氧化，使抗坏血酸受损失。

3. 对动物性的样品可用 100g/L 三氯乙酸代替 20g/L 草酸溶液提取；对含有大量铁的样品，如储藏过久的罐头食品，可用 80g/L 乙酸溶液代替草酸溶液提取。

4. 整个操作过程要迅速，防止还原型抗坏血酸被氧化。

5. 相对于其他脱色剂，白陶土脱色力强，且对抗坏血酸基本无损失。若样品滤液无色，可不加白陶土。须加白陶土的，要对每批新的白陶土测定回收率。加白陶土脱色过滤后，样品要迅速滴定。

6. 滴定开始时，染料溶液要迅速加入，直至红色不立即消失而后尽可能一滴一滴地加入，并要不断振动三角烧瓶，直至呈粉红色于 15s 内不消失为止。样品中可能有其他杂质也能还原 2,6-二氯靛酚，但一般杂质还原该染料的速度均较抗坏血酸慢，所以滴定时以 15s 红色不退为终点。

7. 测定样品溶液时必须同时做一空白对照，样品溶液滴定的体积（mL）须扣除空白液滴定的体积（mL）。

七、思考与讨论

1. 此方法测定的是还原型抗坏血酸，食品中总抗坏血酸应该如何测定？

2. 其他杂质也能与 2,6-二氯靛酚溶液反应，如何消除干扰？

方法二　荧光法测定食品中维生素 C

一、目的与要求

1. 学习荧光分光光度计的使用方法。

2. 掌握用荧光法测定食品中维生素 C 含量的原理及其检测方法。

二、原理

食品中维生素 C 的测定方法很多，常用的有滴定法、比色法、荧光法、气相色谱法、高效液相色谱法、电化学法等。但因荧光法具有灵敏度高，线性关系好，精密度高以及不受其他荧光杂质的干扰等优点，故以荧光法测定食品中的维生素 C 已越来越为广大分析工作者所采用。

但以偏磷酸-乙酸溶液作维生素 C 提取液的经典维生素 C 总量的荧光测定法（下称经典法），操作过程过于繁琐，且偏磷酸-乙酸溶液因偏磷酸难溶解而不易配制，以及存放时间不宜过久（储存在 5℃ 下棕色瓶中可保存 7～10 天），从而影响了分析速度。基于此，本实验对传统的荧光法测定维生素 C 做了些改进，即以草酸代替偏磷酸-乙酸溶液作维生素 C 提取液，将加硼酸-乙酸钠及乙酸钠的步骤与加邻苯二胺的步骤合并在一个试管中进行。改进后的方法，不仅克服了经典法中提取液难配制以及存放时间不宜过长的缺点，而且简化了操作手续，提高了分析速度。

三、仪器、试剂和原料

1. 仪器
荧光分光光度计。

2. 试剂
酸洗活性炭：取 100g 活性炭，以 500mL HCl(1＋9) 溶液加热煮沸 2min，以水洗涤 3 次（每次 500mL），然后置 120℃ 下烘干备用。

10mg/mL 草酸水溶液。

乙酸钠溶液：称取乙酸钠 [$H_3COONa \cdot 3H_2O$]500g，溶解于水中，并定容至 1000mL。

硼酸-乙酸钠溶液：称取 9g 硼酸，加入乙酸钠溶液 35mL 使之溶解，然后以水定容至 100mL。使用前新鲜配制。

邻苯二胺溶液：称取 20mg 邻苯二胺溶于 100mL 水中。使用前新鲜配制（避光保存）。

抗坏血酸标准液（含维生素 C 为 500μg/mL）：称取 50mg 维生素 C，以 10mg/mL 草酸定容至 100mL。

3. 原料
维生素 C 饮料。

四、操作方法

1. 标准液分析

取 500μg/mL 维生素 C 标准液 50mL 于 100mL 烧杯中，加入 2g 活性炭，以玻棒剧烈搅拌 2～3min，稍静置，过滤，弃初滤液。取滤液 1.50mL 于 25mL 容量瓶中，加水定容至刻度，摇匀，此溶液含维生素 C 30μg/mL，作为标准工作液。

启动 RF-5000 荧光分光光度计，选择激发及发射狭缝均为 5nm，对维生素 C 与邻苯二胺所形成的荧光化合物的激发及发射光谱进行扫描。选择激发及发射波长分别为 347nm 和 430nm。取 25mL 具塞比色管①、②，于①、②中各加入标准工作液 2.0mL，再于①中加入 2.0mL 硼酸-乙酸钠溶液（此为标准空白液），摇匀，放置 15min 后，于②中加入乙酸钠溶液 2.0mL（此为标准液），摇匀，立即于①、②两管中各加入邻苯二胺溶液 10mL，于暗处放置 40min。在 $\lambda_{ex} = 347nm$、$\lambda_{em} = 430nm$ 处，用 1cm 的比色皿，测定其荧光强度。

2. 样品分析

取均匀样品 10mL 于 50mL 容量瓶中，加入 10mg/mL 草酸溶液 10mL，以水定容至刻度。将定容液倒入 100mL 烧杯中，加入 2g 活性炭，以玻棒剧烈搅拌 2～3min 后，稍静置，将其倾入滤纸中过滤，弃初滤液。取此滤液 5.0mL 于 25mL 容量瓶中，以水定容至刻度。此为样品工作液。

取 25mL 具塞比色管①、②，于①、②中各加入样品工作液 2.0mL，再于①中加入硼酸-乙酸钠溶液 2.0mL（此为样品空白液），摇匀，放置 15min 后，于②中加入乙酸钠溶液 2.0mL（此为样品液），摇匀，立即于①、②两管中各加入邻苯二胺溶液 10mL，于暗处放置 40min 后，在 $\lambda_{ex} = 347nm$、$\lambda_{em} = 430nm$ 处，用 1cm 的比色皿，测定荧光强度。

五、计算

由于本法中维生素 C 在 0～80μg/mL 范围内有良好的线性关系，故采用直接定点比较法来计算样品的维生素 C 总量。

$$X = \frac{F_A - F_{A0}}{F_S - F_{S0}} cK \times \frac{1}{1000}$$

式中　X——维生素 C 含量，mg/mL；

F_A——样品液的相对荧光强度；

F_{A0}——样品空白液的相对荧光强度；

F_S——标准液的相对荧光强度；

F_{S0}——标准空白液的相对荧光强度；

c——标准溶液的浓度，μg/mL；

K——样品稀释倍数；

1/1000——单位换算常数。

六、注意事项

1. 荧光法所测定的抗坏血酸是氧化型和还原型抗坏血酸，而 2,4-二硝基苯肼法测定结果除氧化型和还原型抗坏血酸，还包括二酮古乐糖酸。

2. 本法采用直接定点比较法定量，维生素 C 含量必须在 $0\sim80\mu g/mL$ 线性范围内，测定条件一致。

3. 样品如有泡沫，可滴加几滴乙醇、辛醇消泡剂。

4. 影响荧光强度的因素如下。

(1) 活性炭的影响：活性炭是一个很好的吸附剂，文献表明，当活性炭用量过大时，也会对维生素 C 产生吸附作用，降低相对荧光强度，使测定结果偏低。本实验活性炭用量为 2g。

(2) 乙酸钠的影响：当标准液或样品液中加入乙酸钠后，摇匀，立即加入邻苯二胺溶液，可提高方法灵敏度。

(3) 草酸浓度的影响：草酸浓度对荧光强度会产生影响，草酸浓度越高，相对荧光强度 ΔF 越低，ΔF 的变化率越大，选择样品工作液的草酸浓度不大于 $8mg/mL$。

七、思考与讨论

1. 本实验所用的荧光法与传统的荧光法相比具有哪些优点？

2. 荧光法测定结果与 2,6-二氯靛酚滴定法、2,4-二硝基苯肼比色法有什么差异？

实验十　食品中粗纤维的测定

一、目的与要求

学习和掌握粗纤维的定量测定方法。

二、原理

粗纤维是指不能被稀酸、稀碱所溶解，不能被人体或家畜所消化利用的天然有机物质。其主要成分为纤维素、残存的半纤维素和木质素。用热的稀酸处理，去除样品中的淀粉、果胶质和部分纤维素；用热的氢氧化钠处理，去除蛋白质、部分半纤维素和部分木质素，并使脂肪皂化而去除；用乙醇或乙醚洗涤，去除单宁、色素、残余脂肪、蜡、部分蛋白质和戊糖。不溶物称重后经过灰化处理去除灰分（金属氧化物），就称为粗纤维。

三、仪器、试剂和原料

1. 仪器

干燥箱、粗纤维测定仪、高温电炉。

2. 试剂

12.5g/L 硫酸。

12.5g/L 氢氧化钠。

正辛醇、乙醇（95+5）。

3. 原料

脱脂豆粕。

四、操作方法

（1）将粗纤维测定仪放置于工作台上，工作台就近应有水池和水嘴。将三个烧瓶放置于仪器顶部的电加热板上，并将顶部小孔中伸出的写明酸、碱、蒸馏水的橡胶管套在相应的烧瓶底部的水嘴上。三个烧瓶的位置从左至右相应为酸、碱、蒸馏水。然后将进出水嘴（位于机箱左下侧）分别套上橡胶管，5 个水嘴分别为：靠前的两个为进水嘴，靠后的上两个为出水嘴，靠后的下面一个为抽滤出水嘴，用橡胶管引入水池。

（2）将样品用粉碎机粉碎，全部通过 18 目筛后，放入密闭容器。

（3）将坩埚用蒸馏水洗尽，使其不带任何杂质，并将其置于恒温箱内（温度在 100℃左右）烘 30min 左右，然后移入干燥器内冷却至室温，并将其编号，再置于干燥器内备用。

（4）将电源线一头插入仪器右下侧的电源插座中，接电。

（5）在仪器顶部的酸、碱、蒸馏水烧瓶中分别加入已配制好的酸、碱、蒸馏水，应基本加满，将瓶盖盖上。

（6）在坩埚内放入 1～2g 试样，并将装好试样的坩埚分别放入 6 个抽滤座中，注意应放置于抽滤座中央的硅橡胶圈上，并使其与上面的消煮管下套中的硅橡胶圈对齐，不要将坩埚放偏或放斜，否则将会漏液，当 6 个坩埚均放置准确后，稍压下操纵杆柄并锁紧。

（7）打开进水开关。将面板上预热调压旋钮和消煮调压旋钮逆时针旋到底，打开电源开关，调整定时器的设定时间为 30min，以后使用时可不必调节。开启酸、碱、蒸馏水预热开关，调节预热调压旋钮，将其调到顺时针最大，这时左边电压表显示电压为 220V 左右。等酸、碱、蒸馏水沸腾时，将预热电压调小至酸、碱、蒸馏水微沸。

（8）打开加酸开关，分别按 1～6 号加液按钮在消煮管中加入已沸的酸液 200mL 约到消煮管中间刻度线，再在每个消煮管内加 2mL 正辛醇。关闭酸预热开关，开启消煮加热开关，将消煮调压旋钮调至最大，此时右边电压表显示约 220V 左右，待消煮管内酸液再次沸腾后，再将电压调至 150～170V 左右，使酸液保持微沸，向上打开消煮定时开关，保持酸微沸 30min。

（9）将消煮加热开关关闭，将消煮定时开关向下关闭，将消煮调压旋钮逆时针旋到底，打开 1～6 号抽滤开关，打开抽滤泵开关，将酸液抽掉。排完酸液后，先关闭抽滤泵开关，再关闭抽滤开关。打开蒸馏水开关，再按下 1～6 号加液按钮，在消煮管中加入蒸馏水后再抽干，连续 2～3 次，直至用试纸测试显中性后关闭加蒸馏水开关。在抽滤过程中若发现坩埚堵塞时，可关闭抽滤泵，开启反冲泵用气流反冲，直至出现气泡后关闭反冲泵，打开抽滤泵继续抽滤。洗涤完毕后关闭所有抽滤开关及泵开关。

（10）打开加碱开关，分别在消煮管中加入微沸的碱溶液 200mL 后关闭加碱开关，再在每个消煮管中加 2 滴正辛醇后，重复第 11 和第 12 步的操作，进行碱消煮、抽滤和洗涤。

（11）以上工作完成以后，用吸管分别在消煮管上口加入 25mL 左右乙醇（95+5），浸泡十几秒钟后抽干。

（12）将操纵杆手柄稍用力下压后拉出定位装置，使升降架缓慢上升复位，戴上手套后将坩埚取出，移入恒温箱，在 130℃下烘干 2h，取出，在干燥器中冷却至室温，称重后得到 m_1。

（13）将称重后的坩埚再放入 500℃的高温炉内灼烧 1h，取出后置于干燥器中冷却至室温后称重后得到 m_2。

五、计算

$$X = \frac{m_1 - m_2}{m} \times 100$$

式中　X——粗纤维的质量百分数，%；

　　　m_1——130℃烘干后坩埚及试样残渣重，g；

　　　m_2——500℃灼烧后坩埚及试样残渣重，g；

　　　m——试样（未脱脂）质量，g。

六、注意事项

1. 样品粒度的大小将影响分析结果，通常将样品研磨成颗粒大小为 $1mm^3$ 左右。

2. 样品脂肪含量大于 10%，应先脱脂，脱脂不足，则分析结果偏高。

七、思考与讨论

1. 在本测定中哪些因素是影响测定结果的主要因素？
2. 在测定为中为什么必须严格控制实验条件。
3. 用本方法测定的结果为什么称为"粗纤维"？

实验十一　食品中磷的测定

一、目的与要求

学习和掌握磷钼蓝比色法测定磷的原理及方法。

二、原理

食物中的有机物经酸氧化，使磷在酸性条件下与钼酸铵结合生成磷钼酸铵。此化合物经过苯二酚、亚硫酸钠还原成蓝色化合物——钼蓝。用分光光度计在波长660nm处测定钼蓝的吸收值，以定量分析磷含量。本方法最低检出限为$2\mu g$。

三、仪器、试剂和原料

1. 仪器

分光光度计。

2. 试剂

本实验用水均需用蒸馏水或去离子水。试剂纯度均为分析纯。

硫酸：相对密度1.84。

高氯酸-硝酸消化液（1＋4）混合液。

15％硫酸溶液（体积分数）：取15mL硫酸徐徐加入到80mL水中混匀。冷却后用水稀释至100mL。

钼酸铵溶液：称取5g钼酸铵$[(NH_4)_6Mo_7O_{24}\cdot4H_2O]$用15％硫酸稀释至100mL。

对苯二酚溶液：称取0.5g对苯二酚于100mL水中，使其溶解，加入一滴浓硫酸（减缓氧化作用）。

亚硫酸钠溶液：称取20g亚硫酸钠于100mL水中，使其溶解。此溶液最好于实验前临时配制，否则可使钼蓝溶液发生混浊。

磷标准储备液（$100\mu g/mL$）：精确称取在105℃下干燥的磷酸二氢钾（优级纯）0.4394g，置于1000mL容量瓶中，加水溶解并稀释至刻度。

磷标准使用液（10μg/mL）：准确吸取 10mL 磷标准储备液，置于 100mL 容量瓶中，加水稀释至刻度，混匀。

3. 原料

面粉。

四、操作方法

1. 样品消化

称取面粉的均匀样品 0.5g 于 100mL 定氮瓶中，加入 3mL 硫酸、3mL 高氯酸-硝酸消化液，置于电炉上小火加热，瓶中液体初为棕黑色。待溶液变成无色或微带黄色清亮液体时，即消化完全。将溶液放冷，加 20mL 水加热赶酸，冷却后转移至 100mL 容量瓶中，用水多次洗涤定氮瓶，洗液合并倒入容量瓶内，加水至刻度，混匀。此溶液为样品测定液。

取与消化样品同量的硫酸、高氯酸-硝酸消化液，按同一方法做空白试验。

2. 测定

准确吸取磷标准使用液 0mL、0.5mL、1.0mL、2.0mL、3.0mL、4.0mL、5.0mL（相当于含磷量 0μg、5μg、10μg、20μg、30μg、40μg、50μg），分别置于 20mL 具塞试管中，依次加入 2mL 钼酸溶液摇匀，静置几秒钟。加入 1mL 亚硫酸钠溶液，1mL 对苯二酚溶液摇匀。加水至刻度，混匀。静置 0.5h 以后，在分光光度计 660nm 波长处测定吸光度。以测出的吸光度对磷含量绘制标准曲线。准确吸取样品测定液 2mL 及同量的空白溶液，分别置于 20mL 具塞试管中，其余操作步骤同标准曲线，以测出的吸光度在标准曲线上查得未知液中的磷含量。

五、计算

$$X = \frac{(c - c_0) \times 100}{m \times \dfrac{V_2}{V_1}}$$

式中　X——样品中磷含量，mg/100g；

　　　c——由标准曲线查得或由回归方程算得样品测定液中磷质量，mg；

　　　c_0——由标准曲线查得或由回归方程算得空白液中磷质量，mg；

　　　V_1——样品消化液定容总体积，mL；

　　　V_2——测定用样品消化液的体积，mL；

　　　m——样品质量，g。

重复测定结果，相对偏差绝对值＜5％。

第三章　食品添加剂测定

实验一　高效液相色谱法测定碳酸饮料中的山梨酸、苯甲酸

一、目的与要求

1. 掌握高效液相色谱法测定饮料中山梨酸、苯甲酸的原理和方法。
2. 了解高效液相色谱仪的结构，学习高效液相色谱仪的操作方法。
3. 掌握高效液相色谱定性定量方法。

二、原理

试样加温除去二氧化碳和乙醇，调 pH 至近中性，过滤后进高效液相色谱仪，经反相色谱柱分离后，根据保留时间和峰面积进行定性和定量。

三、仪器、试剂和原料

1. 仪器

高效液相色谱仪（带紫外检测器）。

2. 试剂

甲醇：经滤膜（0.5μm）过滤。

稀氨水（1+1）：氨水加水等体积混合。

乙酸铵溶液（0.02mol/L）：称取 1.54g 乙酸铵，加水至 1000mL，溶解，经 0.45μm 滤膜过滤。

碳酸氢钠溶液（20g/L）：称取 2g 碳酸氢钠（优级纯），加水至 100mL，振摇溶解。

苯甲酸标准储备溶液（1mg/mL）：准确称取 0.1000g 苯甲酸，加碳酸氢钠溶液（20g/L）5mL，加热溶解，移入 100mL 容量瓶中，加水定容至 100mL，作为储备溶液。

山梨酸标准储备溶液（1mg/mL）：准确称取 0.1000g 山梨酸，加碳酸氢钠溶液（20g/L）5mL，加热溶解，移入 100mL 容量瓶中，加水定容至 100mL，作为储备溶液。

苯甲酸、山梨酸标准混合使用溶液：取苯甲酸、山梨酸标准储备溶液各

10.0mL，放入100mL容量瓶中，加水至刻度。此溶液含苯甲酸、山梨酸各0.1mg/mL。经0.45μm滤膜过滤。同时测定糖精钠时可加糖精钠标准储备溶液。

3. 原料

汽水。

四、操作方法

1. 试样处理

称取5.00～10.0g试样，放入小烧杯中，在水浴加热，搅拌除去二氧化碳，用氨水（1+1）调pH约7，加水定容至10～20mL，经滤膜（HA 0.45μm）过滤。

2. 校准仪器

按照下列高效液相色谱参考条件和仪器操作说明开机，待基线走平直。

检测器：紫外检测器，230nm波长，0.2AUFS。

柱：YWG-C18 4.6mm×250mm，10μm不锈钢柱。

流动相：甲醇-乙酸铵溶液（0.02mol/L）（5+95）。

流速：1mL/min。

进样量：10μL。

3. 测定

等基线走平后，分别用微量注射器进10μL苯甲酸、山梨酸标准混合使用溶液和过滤后的样品稀释液。根据色谱图，记录各自的保留时间和峰面积。

根据苯甲酸、山梨酸标准保留时间定性，外标峰面积法定量。

五、计算

$$X = \frac{A \times 1000}{m \times \dfrac{V_2}{V_1} \times 1000}$$

式中　X——试样中苯甲酸或山梨酸的含量，g/kg；

　　　A——进样体积中苯甲酸或山梨酸的质量，mg；

　　　V_2——进样体积，mL；

　　　V_1——试样稀释液总体积，mL；

　　　m——试样质量，g。

计算结果保留两位有效数字。在重复性条件下获得的两次独立测定结果的绝对差值不得超过算术平均值的10%。

六、注意事项

1. 本方法可同时测定碳酸饮料中的糖精钠,为国家标准测定饮料中山梨酸、苯甲酸的第二法,方法简单快速,省去比色法繁琐的前处理过程。

2. 测定苯甲酸、山梨酸标准溶液和过滤后的样品稀释液的高效液相色谱条件要一致。

3. 样品通过加温除去二氧化碳和乙醇,调 pH 中性,用滤膜(HA $0.45\mu m$)过滤可去除样液中的气泡和杂质,防止对色谱柱和检测器的影响。

七、思考与讨论

1. 高效液相色谱法对样品有什么要求?

2. 高效液相色谱法的分离原理?

3. 高效液相色谱仪的结构?

实验二　高效液相色谱法测定饮料中的糖精钠

一、目的与要求

1. 掌握高效液相色谱法测定饮料中糖精钠的原理和方法。

2. 了解高效液相色谱仪的结构,学习高效液相色谱仪的操作方法。

3. 掌握高效液相色谱定性定量方法。

二、原理

试样加温除去二氧化碳和乙醇,调 pH 至近中性,过滤后进高效液相色谱仪,经反相色谱分离后,根据保留时间和峰面积进行定性和定量。

三、仪器、试剂和原料

1. 仪器

高效液相色谱仪、紫外检测器。

2. 试剂

甲醇:经 $0.5\mu m$ 滤膜过滤。

氨水(1+1):氨水加等体积水混合。

乙酸铵溶液(0.02mol/L):称取 1.54g 乙酸铵,加水至 1000mL 溶解,经 $0.45\mu m$ 滤膜过滤。

糖精钠标准储备溶液(1.0mg/mL):准确称取 0.0851g 经 120℃烘干 4h 后

的糖精钠 （$C_6H_4CONNaSO_2 \cdot 2H_2O$），加水溶解定容至 100mL，作为储备溶液。

糖精钠标准使用溶液 （0.1mg/mL）：吸取糖精钠标准储备液 10mL 放入 100mL 容量瓶中，加水至刻度，经 $0.45\mu m$ 滤膜过滤。

3. 原料

汽水。

四、操作方法

1. 试样处理

称取汽水 5.00～10.00g，放入小烧杯中，微温搅拌除去二氧化碳，用氨水 （1+1）调 pH 至 7，加水定容至 10～20mL，经滤膜 （HA $0.45\mu m$）过滤。

2. 仪器校准

按照下列高效液相色谱参考条件和仪器操作说明开机，待基线走平直。

检测器：紫外检测器，230nm 波长，0.2AUFS。

柱：YWG-C18 4.6mm×250mm，$10\mu m$ 不锈钢柱。

流动相：甲醇-乙酸铵溶液 （0.02mol/L）（5+95）。

流速：1mL/min。

进样量：$10\mu L$。

3. 测定

等基线走平后，分别用微量注射器进 $10\mu L$ 糖精钠标准溶液和过滤后的样品稀释液。根据色谱图，记录各自的保留时间和峰面积。

根据保留时间定性，外标峰面积法定量。以其峰面积求出样液中被测物质的含量，供计算。

五、计算

$$X = \frac{A \times 1000}{m \times \dfrac{V_2}{V_1} \times 1000}$$

式中　X——试样中糖精钠含量，g/kg；

$\quad\quad A$——进样体积中糖精钠的质量，mg；

$\quad\quad V_2$——进样体积，mL；

$\quad\quad V_1$——试样稀释液总体积，mL；

$\quad\quad m$——试样质量，g。

计算结果保留三位有效数字。在重复性条件下获得的两次独立测定结果的绝对差值不得超过算术平均值的 10%。

六、注意事项

此方法为国家标准测定糖精钠的第一法，在此色谱条件下可同时检测苯甲酸或山梨酸。

七、思考与讨论

什么是反相色谱？有什么优点？

实验三　薄层色谱法测定食品中的糖精钠

一、目的与要求

1. 掌握薄层色谱法测定蜜饯中糖精钠的原理和方法。
2. 了解薄层色谱的操作方法。
3. 掌握薄层色谱定性定量方法。

二、原理

在酸性条件下，食品中的糖精钠用乙醚提取、浓缩，薄层色谱分离、显色后，与标准溶液比较，进行定性和半定量测定。

三、仪器、试剂和原料

1. 仪器

展开槽、薄层板、紫外光灯（波长 253.7nm）、微量注射器、玻璃喷雾器。

2. 试剂

乙醚：不含过氧化物。

无水硫酸钠。

无水乙醇及乙醇（95％）。

聚酰胺粉：200 目。

盐酸（1＋1）：取 100mL 盐酸，加水稀释至 200mL。

展开剂：异丙醇＋氨水＋无水乙醇（7＋1＋2）。

显色剂——溴甲酚紫溶液（0.4g/L）：称取 0.04g 溴甲酚紫，用乙醇（50％）溶解，加氢氧化钠溶液（40g/L）1.1mL，调制 pH 为 8，定容至 100mL。

硫酸铜溶液（100g/L）：称取 10g 硫酸铜（$CuSO_4 \cdot 5H_2O$），用水溶解并稀释至 100mL。

氢氧化钠溶液（40g/L）。

糖精钠标准溶液（1mg/mL）：准确称取 0.0851g 经 120℃ 干燥 4h 后的糖精钠（$C_6H_4CONNaSO_2 \cdot 2H_2O$），加乙醇溶解，移入 100mL 容量瓶中，加乙醇（95%）稀释至刻度。

3. 原料

蜜饯。

四、操作方法

1. 试样提取

称取 20.0g 磨碎的去核蜜饯均匀试样，置于 200mL 容量瓶中，加 100mL 水，加温使溶解、放冷，加 20mL 硫酸铜溶液（100g/L），混匀，再加 4.4mL 氢氧化钠溶液（40g/L），加水至刻度，混匀，静置 30min，干过滤，取 50mL 滤液置于 150mL 分液漏斗中，加 2mL 盐酸（1+1），用 30mL、20mL、20mL 乙醚提取三次，合并乙醚提取液，用 5mL 盐酸酸化的水洗涤一次，弃去水层。乙醚层通过无水硫酸钠脱水后，挥发乙醚，加 2.0mL 乙醇溶解残留物，密塞保存，备用。

2. 薄层板的制备

称取 1.6g 聚酰胺粉，加 0.4g 可溶性淀粉，加约 7.0mL 水，研磨 3～5min，立即涂成 0.25～0.30mm 厚的 10cm×20cm 的薄层板，室温干燥后，在 80℃ 下干燥 1h，置于干燥器中保存。

3. 点样

在薄层板下端 2cm 处，用微量注射器点 10μL 和 20μL 的样液两个点，同时点 3.0μL、5.0μL、7.0μL、10.0μL 糖精钠标准溶液，各点间距 1.5cm。

4. 展开与显色

将点好的薄层板放入盛有展开剂的展开槽中，展开剂液层约 0.5cm，并预先已达到饱和状态。展开至 10cm，取出薄层板，挥干，喷显色剂，斑点显黄色，根据试样点和标准点的比移值进行定性，根据斑点颜色深浅进行半定量测定。

五、计算

$$X = \frac{A \times 1000}{m \times \dfrac{V_2}{V_1} \times 1000}$$

式中　X——试样中糖精钠的含量，g/kg；

　　　A——测定用样液中糖精钠的质量，mg；

　　　m——试样质量，g；

V_1——试样提取液残留物加入乙醇的体积，mL；

V_2——点板液体积，mL。

六、注意事项

1. 国家标准测定糖精钠的第二法，是半定量方法。
2. 样品滤液加盐酸酸化后糖精钠变成糖精，可用乙醚提取。
3. 乙醚可溶解部分水，故通过无水硫酸钠脱水可降低水溶性杂质的干扰。
4. 为防止点样斑点过大，用微量注射器点样时可用电吹风，边点边吹。
5. 点样时宜用平头的微量注射器操纵，以免破坏薄层板。

七、思考与讨论

1. 薄层色谱的操作步骤？
2. 糖精钠的前处理原理？

实验四　盐酸萘乙二胺法测定食品中的亚硝酸盐

一、目的与要求

1. 掌握盐酸萘乙二胺比色法测定食品中亚硝酸盐的原理和方法。
2. 掌握分光光度计的操作方法。
3. 掌握比色定量方法。

二、原理

试样经沉淀蛋白质、除去脂肪后，在弱酸条件下亚硝酸盐与对氨基苯磺酸重氮化后，再与盐酸萘乙二胺偶合形成紫红色染料，与标准比较定量。

三、仪器、试剂和原料

1. 仪器

分光光度计、绞肉机。

2. 试剂

亚铁氰化钾溶液：称取 106.0g 亚铁氰化钾 $[K_4Fe(CN)_6 \cdot 3H_2O]$，用水溶解，并稀释至 1000mL。

乙酸锌溶液：称取 220.0g 乙酸锌 $[Zn(CH_3COO)_2 \cdot 2H_2O]$，加 30mL 冰乙酸溶于水，并稀释至 1000mL。

饱和硼砂溶液：称取 5.0g 硼酸钠 $(Na_2B_4O_7 \cdot 10H_2O)$，溶于 100mL 热水

中，冷却后备用。

对氨基苯磺酸溶液（4g/L）：称取 0.4g 对氨基苯磺酸，溶于 100mL20％盐酸中，置棕色瓶中混匀，避光保存。

盐酸萘乙二胺溶液（2g/L）：称取 0.2g 盐酸萘乙二胺，溶解于 100mL 水中，混匀后，置棕色瓶中，避光保存。

亚硝酸钠标准溶液（200μg/mL）：准确称取 0.1000g 于硅胶干燥器中干燥 24h 的亚硝酸钠，加水溶解移入 500mL 容量瓶中，加水稀释至刻度，混匀。

亚硝酸钠标准使用液（5μg/mL）：临用前，吸取亚硝酸钠标准溶液 5.00mL，置于 200mL 容量瓶中，加水稀释至刻度。

3. 原料

午餐肉。

四、操作方法

1. 试样处理

称取 5.0g 经绞碎混匀的试样，置于 50mL 烧杯中，加 12.5mL 硼砂饱和液，搅拌均匀，以 70℃左右的水约 300mL 将试样洗入 500mL 容量瓶中，于沸水浴中加热 15min，取出后冷却至室温，然后一面转动，一面加入 5mL 亚铁氰化钾溶液，摇匀，再加入 5mL 乙酸锌溶液，以沉淀蛋白质。加水至刻度，摇匀，放置 0.5h，除去上层脂肪，清液用滤纸干过滤，弃去初滤液 30mL，滤液备用。

2. 测定

吸取 40.0mL 上述滤液于 50mL 带塞比色管中，另吸取 0.00mL、0.20mL、0.40mL、0.60mL、0.80mL、1.00mL、1.50mL、2.00mL、2.50mL 亚硝酸钠标准使用液（相当于 0μg、1μg、2μg、3μg、4μg、5μg、7.5μg、10μg、12.5μg 亚硝酸钠），分别置于 50mL 带塞比色管中。于标准管与试样管中分别加入 2mL 对氨基苯磺酸溶液（4g/L），混匀，静置 3~5min 后各加入 1mL 盐酸萘乙二胺溶液（2g/L），加水至刻度，混匀，静置 15min，用 2cm 比色杯，以零管调节零点，于波长 538nm 处测吸光度，绘制标准曲线比较，同时做试剂空白。

五、计算

$$X = \frac{A \times 1000}{m \times \frac{V_2}{V_1} \times 1000}$$

式中　X——试样中亚硝酸盐的含量，mg/kg；

　　　m——试样质量，g；

　　　A——测定用样液中亚硝酸盐的质量，μg；

V_1——试样处理液总体积，mL；

V_2——测定用样液体积，mL。

计算结果保留两位有效数字。在重复性条件下获得的两次独立测定结果的绝对差值不得超过算术平均值的 10%。

六、注意事项

1. 本方法也可用于硝酸盐的测定，方法是试样采用镉柱将硝酸盐还原成亚硝酸盐，测定的总亚硝酸盐量减去原有亚硝酸盐量后乘以系数 1.232，即为试样中硝酸盐含量。

2. 前处理时，午餐肉加硼砂饱和液充分搅拌均匀，有利于亚硝酸盐的溶解。

3. 当亚硝酸盐含量过高时，过量的亚硝酸盐可将偶氮化合物氧化变成黄色。此时宜先加试剂，再滴加样液，避免亚硝酸盐的过量。

七、思考与讨论

如何同时测定样品中的硝酸盐、亚硝酸盐？

实验五　食品中合成着色剂的测定

一、目的与要求

1. 掌握薄层色谱法测定合成着色剂的原理和方法。
2. 熟悉薄层色谱法的操作步骤和技术。
3. 掌握薄层色谱法定性、定量方法。

二、原理

水溶性酸性合成着色剂在酸性条件下被聚酰胺粉吸附，而在碱性条件下解吸附，再用薄层色谱法进行分离后，与标准合成着色剂比较定性、定量。

三、仪器、试剂和原料

1. 仪器

可见分光光度计、展开槽、微量注射器、薄层板、电吹风机。

2. 试剂

聚酰胺粉（尼龙 6）：200 目。

硅胶 G。

甲醇-甲酸溶液（6+4）。

乙醇（50%）。

乙醇-氨溶液：取 1mL 氨水，加乙醇（70%）至 100mL。

盐酸（1+10）。

柠檬酸溶液（200g/L）。

薄层色谱用展开剂：柠檬酸钠溶液（25g/L）-氨水-乙醇（8+1+2）

合成着色剂标准溶液（1.00mg/mL）：准确称取按其纯度折算为 100% 质量的柠檬黄、日落黄、苋菜红、胭脂红、新红、赤藓红各 0.100g，置 100mL 容量瓶中，加 pH 6 的水到刻度，配成水溶液。

着色剂标准使用液（0.1mg/mL）：临用时吸取色素标准溶液各 5.0mL，分别置于 50mL 容量瓶中，加 pH 6 的水稀释至刻度。

3. 原料

硬糖、蜜饯。

四、操作方法

1. 试样处理

称取 5.00g 或 10.0g 粉碎的硬糖、蜜饯试样，加 30mL 水，温热溶解，若样液 pH 值较高，用柠檬酸溶液（200g/L）调至 pH4 左右。

2. 吸附分离

将处理后所得的溶液加热至 70℃，加入 0.5～1.0g 聚酰胺粉充分搅拌，用柠檬酸溶液（200g/L）调 pH 至 4，使着色剂完全被吸附，如溶液还有颜色，可以再加一些聚酰胺粉。将吸附着色剂的聚酰胺全部转入 G3 垂融漏斗中，过滤。用 pH4 的 70℃ 水反复洗涤，每次 20mL，边洗边搅拌，若含有天然着色剂，再用甲酸-甲酸溶液洗涤 1～3 次，每次 20mL，至洗液无色为止。再用 70℃ 水多次洗涤至流出的溶液为中性。洗涤过程中应充分搅拌。然后用乙醇-氨溶液分次解吸全部着色剂，收集全部解吸液，于水浴上驱氨。如果为单色，则用水准确稀释至 50mL，用分光光度法进行测定。如果为多种着色剂混合液，则进行薄层色谱法分离后测定，即将上述溶液置水浴上浓缩至 2mL 后移入 5mL 容量瓶中，用 50% 乙醇洗涤容器，洗液并入容量瓶中并稀释至刻度。

3. 薄层板的制备

称取 1.6g 聚酰胺粉、0.4g 可溶性淀粉及 2g 硅胶 G，置于合适的研钵中，加 15mL 水研匀后，立即置涂布器中铺成厚度为 0.3mm 的板。在室温晾干后，于 80℃ 干燥 1h，置干燥器中备用。

4. 点样

离板底边 2cm 处将 0.5mL 样液从左到右点成与底边平行的条状，板的左边点 2μL 色素标准溶液。

5. 展开

取适量展开剂倒入展开槽中，将薄层板放入展开，待着色剂明显分开后取出，晾干。

6. 定性

与标准斑比较，如迁移率相同即为同一色素。

7. 定量

将薄层色谱的条状色斑包括有扩散的部分，分别用刮刀刮下，移入漏斗中，用乙醇-氨溶液解吸着色剂，少量反复多次至解吸液于蒸发皿中，于水浴上挥发去氨，移入 10mL 比色管中，加水至刻度，作比色用。

分别吸取 0mL、0.5mL、1.0mL、2.0mL、3.0mL、4.0mL 胭脂红、苋菜红、柠檬黄、日落黄色素标准使用溶液，分别置于 10mL 比色管中，各加水稀释至刻度。

上述试样与标准管分别用 1cm 比色杯，以零管调节零点，于一定波长下（胭脂红 510nm，苋菜红 520nm，柠檬黄 430nm，日落黄 482nm），测定吸光度，绘制标准曲线，样品与标准系列比较可得测定用样液中色素的质量（mg）。

五、计算

$$X = \frac{A \times 1000}{m \times \dfrac{V_2}{V_1} \times 1000}$$

式中 X——试样中着色剂的含量，g/kg；

    A——测定用样液中色素的质量，mg；

    m——试样质量，g；

    V_1——试样解吸后总体积，mL；

    V_2——样液点板体积，mL。

计算结果保留两位有效数字。

六、注意事项

1. 本方法最低检出量为 50μg。点样量为 1μL 时，检出浓度约为 50mg/kg。

2. 水溶性酸性合成着色剂在酸性条件下被聚酰胺粉吸附，而在碱性条件下解吸，因此可通过聚酰胺粉去除大部分干扰物质。

3. 若样品中含脂肪，可先用石油醚浸泡 2 次，去除脂肪和油溶性色素。

4. 甲醇-甲酸溶液洗涤，可洗除天然色素。

5. 用乙醇-氨溶液解吸的解吸液，水浴上驱氨后，如果为单色素，可不再薄层分离，直接用水准确稀释至 50mL，用分光光度法在其（胭脂红 510nm，苋菜红 520nm, 柠檬黄 430nm, 日落黄 482nm) 波长下进行测定。

七、思考与讨论

1. 水溶性酸性合成着色剂吸附分离的原理?
2. 薄层色谱法用什么定性?
3. 薄层色谱与纸色谱有什么不同?

实验六 盐酸副玫瑰苯胺法测定食品中的亚硫酸盐

一、目的与要求

1. 掌握盐酸副玫瑰苯胺法测定食品中亚硫酸盐的原理和方法。
2. 了解食品中亚硫酸盐的存在。

二、原理

亚硫酸盐与四氯汞钠反应生成稳定的配合物,再与甲醛及盐酸副玫瑰苯胺作用生成紫红色配合物,在 550nm 波长下,样品液与标准系列比较定量。

三、仪器、试剂和原料

1. 仪器

可见分光光度计。

2. 试剂

四氯汞钠吸收液:称取 13.6g 氯化高汞及 6.0g 氯化钠,溶于水中并稀释至 500mL,放置过夜,过滤后备用。

氨基磺酸铵溶液 (12g/L)。

甲醛溶液 (2g/L):吸取 0.55mL 无聚合沉淀的甲醛 (36%),加水稀释至 100mL,混匀。

淀粉指示液:称取 1g 可溶性淀粉,用少许水调成糊状,缓缓倾入 100mL 沸水中,随加随搅拌,煮沸,放冷备用,此溶液临用时现配。

亚铁氰化钾溶液:称取 10.6g 亚铁氰化钾 [$K_4Fe(CN)_6 \cdot 3H_2O$],加水溶解并稀释至 100mL。

乙酸锌溶液:称取 22g 乙酸锌溶于少量水中,加入 3mL 冰乙酸,加水稀释至 100mL。

盐酸副玫瑰苯胺溶液:称取 0.1g 盐酸副玫瑰苯胺 ($C_{19}H_{18}N_2Cl \cdot 4H_2O$) 于研钵中,加少量水研磨使溶解并稀释至 100mL。取出 20mL,置于 100mL 容量瓶中，加盐酸（1＋1），充分摇匀后使溶液由红变黄，如不变黄再滴加少量盐酸至出现黄色，再加水稀释至刻度，混匀备用。

碘溶液 $[c(1/2I_2)＝0.05mol/L]$。

硫代硫酸钠标准溶液 $[c(Na_2S_2O_3 \cdot 5H_2O)＝0.1mol/L]$。

二氧化硫标准溶液：称取 0.5g 亚硫酸氢钠，溶于 200mL 四氯汞钠吸收液中，放置过夜，上清液用定量滤纸过滤备用。标定方法：吸取 10.0mL 亚硫酸氢钠-四氯汞钠溶液于 250mL 碘量瓶中，加 100mL 水，准确加入 20.00mL 碘溶液（0.1mol/L），5mL 冰乙酸，摇匀，放置于暗处 2min 后，迅速以硫代硫酸钠（0.1mol/L）标准溶液滴定至淡黄色，加 0.5mL 淀粉指示液，继续滴至无色。另取 100mL 水，准确加入碘溶液 20.0mL（0.1mol/L）、5mL 冰乙酸，按同一方法做试剂空白试验。二氧化硫标准溶液浓度可通过下式计算：

$$X＝\frac{(V_2－V_1)c \times 32.03}{10}$$

式中 X——二氧化硫标准溶液浓度，mg/mL；

V_1——测定用亚硫酸氢钠-四氯汞钠溶液消耗硫代硫酸钠标准溶液体积，mL；

V_2——试剂空白消耗硫代硫酸钠标准溶液体积，mL；

c——硫代硫酸钠标准溶液的浓度，mol/L；

32.03——与 1mL 硫代硫酸钠（1.000mol/L）标准溶液相当的二氧化硫的质量，mg/mmol；

10——亚硫酸氢钠-四氯汞钠溶液的体积，mL。

二氧化硫使用液：临用前将二氧化硫标准溶液以四氯汞钠吸收液稀释成每毫升相当于 2μg/mL 二氧化硫。

氢氧化钠溶液（20g/L）。

硫酸（1＋71）。

3. 原料

粉丝、腐竹。

四、操作方法

1. 样品处理

称取 5.0～10.0g 研磨均匀的粉丝等样品，以少量水湿润并移入 100mL 容量瓶中，然后加入 20mL 四氯汞钠吸收液，浸泡 4h 以上，若上层溶液不澄清可加入亚铁氰化钾溶液及乙酸锌溶液各 2.5mL，最后用水稀释至 100mL，定容，干过滤，弃初滤液 25mL 后，其他滤液备用。

2. 测定

吸取 5.0mL 上述样品处理液于 25mL 带塞比色管中。

另吸取 0mL、0.20mL、0.40mL、0.60mL、0.80mL、1.00mL、1.50mL、2.00mL 二氧化硫标准使用液（相当于 0μg、0.4μg、0.8μg、1.2μg、1.6μg、2.0μg、3.0μg、4.0μg 二氧化硫），分别置于 25mL 带塞比色管中。

于样品及标准管中各加入四氯汞钠吸收液至 10mL，然后再加入 1mL 氨基磺酸铵溶液、1mL 甲醛溶液（2g/L）及 1mL 盐酸副玫瑰苯胺溶液，摇匀，放置 20min。用 1cm 比色杯，以零管调节零点，于波长 550nm 处测吸光度，绘制标准曲线比较。

五、计算

$$X = \frac{A \times 1000}{\dfrac{m}{100} \times V \times 1000 \times 1000}$$

式中　X——样品中二氧化硫的含量，g/kg；

　　　A——测定用样液中二氧化硫的含量，μg；

　　　m——样品质量，g；

　　　V——测定用样液的体积，mL。

结果的表述：报告算术均值的 3 位有效数字，绝对相差≤10%。

六、注意事项

1. 本方法最低检出浓度为 1mg/kg。

2. 二氧化硫标准溶液的浓度随放置时间逐渐降低，必须临用前用新标定的二氧化硫标准溶液稀释。

3. 亚硫酸和食品中醛、酮、糖相结合，以结合态存在，加碱可将结合态亚硫酸释放出来。

4. 盐酸副玫瑰苯胺的精制方法：称取 20g 盐酸副玫瑰苯胺于 400mL 水中，用 50mL 盐酸（1+5）酸化，徐徐搅拌，加 4~5g 活性炭，加热煮沸 2min。将混合物倒入大漏斗中，过滤（用保温漏斗趁热过滤）。滤液放置过夜，出现结晶，然后再用布氏漏斗抽滤，将结晶再悬浮于 1000mL 乙醚-乙醇（10+1）的混合液中，振摇 3~5min，以布氏漏斗抽滤，再用乙醚反复洗涤至醚层不带色为止，于硫酸干燥器中干燥，研细后储于棕色瓶中保存。

5. 盐酸副玫瑰苯胺中的盐酸用量对显色有影响，加入盐酸量多，显色浅，加入量少，显色深，所以要按操作进行。

6. 加入氨基磺酸铵，可以克服亚硝酸对显色的干扰，氨基磺酸铵溶液不稳定，宜现配。

7. 显色时间和温度对显色结果有影响，所以在显色时标准管与样品管要严格控制显色时间和温度一致。

七、思考与讨论

1. 盐酸副玫瑰苯胺法测定食品中亚硫酸盐的原理？
2. 为什么二氧化硫标准溶液必须用前标定？

第四章　食品中有毒有害成分及污染物测定

实验一　甲醛含量的测定

一、目的与要求

1. 掌握用分光光度法测定微量甲醛含量的原理和方法。
2. 了解测定甲醛含量的意义。

二、原理

甲醛在过量乙酸铵的存在下，与乙酰丙酮和铵离子生成黄色的3,5-二乙酰基-1,4-二氢吡啶化合物，在波长415nm处有最大吸收，颜色的深浅与甲醛的含量成正比，相应可得出试样中甲醛的含量。

三、仪器、试剂和原料

1. 仪器

分光光度计、水蒸气蒸馏装置。

2. 试剂

乙酰丙酮溶液：称取0.4g新蒸馏乙酰丙酮和25g乙酸铵、3mL乙酸溶于水中，定容至200mL备用（用时配制）。

硫代硫酸钠标准溶液（0.1000mol/L）。

碘标准溶液（0.1mol/L）。

5g/L淀粉指示剂。

硫酸溶液（1mol/L）。

氢氧化钠溶液（1mol/L）。

磷酸溶液（200g/L）。

甲醛（36%～38%）。

甲醛标准溶液的配制和标定：吸取36%～38%甲醛溶液7.0mL，加入0.5mL 1mol/L硫酸，用水稀释至250mL；吸此溶液10.0mL于100mL容量瓶中，加水稀释定容；再吸10.0mL稀溶液于250mL碘量瓶中，加90mL水、20mL 0.1mol/L碘标准溶液和15mL 1mol/L氢氧化钠溶液，摇匀，放置15min；

再加入 20mL 1mol/L 硫酸溶液酸化，用 0.1000mol/L 硫代硫酸钠标准溶液滴定至淡黄色，然后加约 1mL 淀粉指示剂，继续滴定至蓝色退去即为终点。同时做试剂空白试验。

甲醛标准溶液的浓度计算如下：

$$X = \frac{(V_1 - V_2)C_1 \times 15}{V}$$

式中　X——甲醛标准溶液的浓度，mg/mL；

V_1——空白试验所消耗的硫代硫酸钠标准溶液的体积，mL；

V_2——滴定甲醛溶液所消耗的硫代硫酸钠标准溶液的体积，mL；

C_1——硫代硫酸钠标准溶液的浓度，mol/L；

V——取样体积，1mL；

15——与 1.00mL 碘标准溶液（1.000mol/L）相当的甲醛的质量，mg/mmol。

用上述已标定甲醛浓度的溶液，用水配制成 $1\mu g/mL$ 的甲醛标准使用液。

3. 原料

啤酒。

四、操作方法

1. 试样处理

吸取已除去二氧化碳的啤酒 25mL 移入 500mL 蒸馏瓶中，加 20mL200g/L 磷酸溶液于蒸馏瓶，接水蒸气蒸馏装置蒸馏，收集馏出液于 100mL 容量瓶中（约 100mL），冷却后加水稀释至刻度。

2. 测定

精密吸取 0.00mL、0.50mL、1.00mL、2.00mL、3.00mL、4.00mL、8.00mL 的 $1\mu g/mL$ 的甲醛标准使用液于 25mL 比色管中，加水至 10mL。

吸取样品馏出液 10mL 移入 25mL 比色管中。在标准系列和样品的比色管中，各加入 2mL 乙酰丙酮溶液，摇匀后在沸水浴中加热 10min，取出冷却，在分光光度计上于波长 415nm 处测定吸光度，绘制标准曲线或计算回归方程。从标准曲线上查出或用回归方程计算出试样中甲醛的含量。

五、计算

$$X = A/V$$

式中　X——试样中甲醛的含量，mg/L；

A——从标准曲线上查出或用回归方程计算出的甲醛的质量，μg；

V——测定样液中相当的试样体积，mL。

六、注意事项

1. 36%～38%甲醛溶液保存时间过长易聚合沉淀，故选用新鲜甲醛。
2. 采用水蒸气蒸馏装置蒸馏甲醛，为保证馏出完全，尽可能多收集馏出液。

七、思考与讨论

1. 标定甲醛溶液的实验原理是什么？写出反应式。
2. 影响测定甲醛含量的因素有哪些？

实验二　甲醇含量的测定

方法一　气相色谱法

一、目的与要求

1. 掌握用色谱法测定微量甲醇含量的原理和方法。
2. 了解测定甲醇含量的意义。
3. 学习内标法定量。

二、原理

甲醇组分在邻苯二甲酸二壬酯（DNP）填充柱等温分离中，能够在乙醇峰前流出一个尖峰，其峰面积与甲醇含量具有线性关系，因此可以用内标法予以定量分析。

三、仪器、试剂和原料

1. 仪器

气相色谱仪、氢火焰离子化检测器、微量注射器（10μL）。

2. 试剂

担体：Chromosorb W（AW-DMCS），80/100 目。

固定液：邻苯二甲酸二壬酯（DNP）、吐温-80。

无水甲醇：色谱纯试剂。

60%乙醇溶液：应确认所含甲醇低于1mg/L方可使用。

甲醇标准溶液（3.9g/L）：以色谱纯试剂甲醇，用60%乙醇溶液准确配制成体积比为0.5%的标准溶液。

乙酸正丁酯内标溶液（17.6g/L）：以分析纯试剂，用60%乙醇溶液配制。

3. 原料

白酒。

四、操作方法

1. 色谱柱的制备

称取 15.0g 担体 Chromosorb W。另称取 3.00gDNP 及 1.05g 吐温-80 于另一小烧杯中，量取与担体等体积的无水乙醇，先用少量乙醇依次将 DNP 与吐温-80 转移至蒸发皿中，随后将剩余溶液倒入，溶解搅匀，然后边搅拌边将担体慢慢倒入，混匀。将蒸发皿置于 50℃ 水浴上，间歇搅动以利于溶剂蒸发，待蒸发至干时，移至 90～95℃ 烘箱中烘干 1h 后，将此填料装入 2mm×2m 内径已洗净的色谱柱中，通载气于 115℃ 下老化 16h。

2. 色谱条件优化

按仪器使用手册调整载气、空气、氢气的流速等色谱条件，并通过试验选择最佳操作条件，使甲醇峰形成一个单一尖峰，内标峰和异戊醇两峰的峰高分离度达到 100％，色谱柱的柱温以 100℃ 为宜。

3. 标样校正因子 f 值的确定

准确吸取 1.00mL 甲醇标准溶液（3.9g/L）于 10mL 容量瓶中，用乙醇溶液（6+4）稀释至刻度，准确加入 0.20mL 乙酸正丁酯内标溶液，待色谱仪基线稳定后，用微量注射器进样 1.0μL，记录甲醇色谱峰的保留时间及其峰面积。以其峰面积与内标峰面积之比，计算出甲醇的相对质量校正因子 f 值。

4. 样品的测定

于 10mL 容量瓶中倒入酒样至刻度，准确加入 0.20mL 乙酸正丁酯内标溶液，混匀。在与 f 值测定相同条件下进样，根据保留时间确定甲醇峰的位置，并且记录甲醇峰的峰面积与内标峰的面积。

五、计算

$$f = \frac{A_{内1}}{A_1} \times \frac{G_1}{0.0352}$$

$$X = \frac{A_2}{A_{内2}} \times f \times 0.0352$$

式中　X——酒样中甲醇含量，g/100mL；

　　　f——甲醇的相对质量校正因子；

　　$A_{内1}$——f 值测定时内标的峰面积；

　　　A_1——f 值测定时甲醇的峰面积；

　　$A_{内2}$——酒样中内标的峰面积；

　　　A_2——酒样中甲醇的峰面积；

G_1——f 值测定时，标样中甲醇的含量，g/100mL；

0.0352——内标物的含量，g/100mL。

同一样品两次测定值之差不超过 5％。

六、注意事项

1. 色谱柱的制备效果，对甲醇的分离非常重要。担体与固定液的配比要严格定量。填料装入色谱柱中，通载气于超过柱温 20℃的温度下充分老化，直到基线平直。

2. 样品测定的色谱条件要与确定标样校正因子 f 值的色谱条件相同。

七、思考与讨论

1. 气相色谱分离的原理是什么？

2. 内标法定量有什么优点？

方法二　品红比色法

一、目的与要求

1. 掌握用品红比色法测定微量甲醇含量的原理和方法。

2. 了解测定甲醇含量的意义。

二、原理

甲醇在磷酸溶液中被高锰酸钾氧化成甲醛，过量的高锰酸钾及在反应中产生的二氧化锰用硫酸-草酸溶液除去，甲醛与品红亚硫酸作用生成蓝紫色醌型色素，与标准系列比较定量。

三、仪器、试剂和原料

1. 仪器

分光光度计。

2. 试剂

高锰酸钾-磷酸溶液：称取高锰酸钾 3g，加 85％的磷酸（相对密度 1.7）15mL 与水 70mL 的混合液，溶解后加水使至 100mL，于棕色瓶中。

草酸-硫酸混合溶液：称取无水草酸 5g（或者含 2 分子结晶水的草酸 7g），溶于冷硫酸溶液（1＋1）中，至 100mL。

品红-亚硫酸溶液：称取碱性品红 0.2g，用 80℃蒸馏水 120mL 研磨溶解，放冷，过滤入 200mL 容量瓶中，加 0.2g 亚硫酸钠、盐酸 2mL、适量蒸馏水至刻度，充分混匀。试剂配制后放置数小时至退色后方可使用（如果此时尚未完全脱色，可加 0.5g 活性炭，搅拌后放置 5min，过滤，即可得无色的品红-亚硫酸溶液）。储于棕色瓶中，置暗处保存，不宜久放，溶液变红则不能再用。

甲醇标准储备溶液（10mg/mL）：精密吸取 1.27mL 的甲醇（相对密度 0.7913）于 100mL 容量瓶中，用水稀释至刻度。

甲醇标准使用液（1mg/mL）：准确吸取标准储备液 10mL 于 100mL 容量瓶中，用水稀释至刻度。此液临用时现配。

无甲醇乙醇：量取分析纯 95％乙醇 1000mL，加入 0.1mol/L 高锰酸钾溶液少许，于约 80℃水浴中作用 2h，用 0.1mol/L 氢氧化钠溶液中和至 pH8～9，然后移入蒸馏瓶中于沸水浴中进行蒸馏，除头尾各约 100mL，收集中间馏出物即得。

3. 原料

白酒。

四、操作方法

（1）根据待测白酒中含乙醇多少适当取样（含乙醇 30％取 1.0mL；40％取 0.8mL；50％取 0.6mL；60％取 0.5mL）于 25mL 具塞比色管中。

（2）精确吸取 0.0mL、0.20mL、0.40mL、0.60mL、0.80mL、1.00mL 甲醇标准使用液（相当于 0mg、0.2mg、0.4mg、0.6mg、0.8mg、1.0mg 甲醇）分别置于 25mL 具塞比色管中，各加入 0.3mL 无甲醇乙醇。

（3）于样品管及标准管中各加水至 5mL 混匀，各管加入 2mL 高锰酸钾-磷酸溶液，混匀，放置 10min。

（4）各管加 2mL 草酸-硫酸溶液，混匀后静置，使溶液退色。

（5）各管再加入 5mL 品红-亚硫酸溶液，混匀，于 20℃以上静置 0.5h。

（6）以 0 管调零点，于 590nm 波长处测吸光度，与标准曲线比较定量。

五、计算

$$X = \frac{m}{V \times 1000} \times 100$$

式中　　X——样品中甲醇的含量，g/100mL；

　　　　m——测定样品中所含的甲醇相当于标准的质量，mg；

　　　　V——样品取样体积，mL。

六、注意事项

1. 品红-亚硫酸溶液呈红色时应重新配制，新配制的亚硫酸-品红溶液放冰箱中 24～48h 后再用为好。

2. 白酒中其他醛类以及经高锰酸钾氧化后由醇类变成的醛类（如乙醛、丙醛等），与品红-亚硫酸作用也显色，但在一定浓度的硫酸酸性溶液中，除甲醛可形成经久不退的紫色外，其他醛类则历时不久即行消退或不显色，故无干扰。因此操作中时间条件必须严格控制。

3. 温度影响显色效果，应先将样品及标准各管浸入 30℃水浴中，再加入高锰酸钾-磷酸溶液等各种试剂。

4. 显色灵敏度与乙醇含量有关。酒精度越高，甲醇呈色灵敏度越低，而以6％的乙醇含量时显色较灵敏，因此样品管及标准系列各管均应含乙醇6％。

5. 加入显色剂前应使溶液冷至室温，否则还原剂草酸在较高温度下能还原品红-亚硫酸溶液，造成色阶紊乱。

七、思考与讨论

1. 分光光度计法测定甲醇的原理是什么？
2. 哪些因素会对本方法产生干扰？

实验三　测汞仪法测定食品中总汞

一、目的与要求

1. 掌握用冷原子吸收法测定汞含量的原理和方法。
2. 了解测定食品中汞含量的意义。
3. 了解消化中添加五氧化二钒的意义。

二、原理

汞蒸气对波长 253.7nm 的共振线具有强烈的吸收作用。样品经过硝酸-硫酸-五氧化二钒消化使汞转为离子状态，在强酸性条件下以氯化亚锡还原成元素汞，以氮气或干燥清洁空气作为载体，将汞吹出，进行冷原子吸收测定，与标准系列比较定量。

三、仪器、试剂和原料

1. 仪器
测汞仪、汞蒸气发生器、抽气装置、消化装置。
2. 试剂
硝酸。
硫酸。

氯化亚锡溶液（300g/L）：称取 30g 氯化亚锡 $SnCl_2 \cdot 2H_2O$，加少量水，再加 2mL 硫酸使溶解后，加水稀释至 100mL，放置冰箱保存。

无水氯化钙：干燥用。

混合酸液（5mol/L）：量取 10mL 硫酸，再加入 10mL 硝酸，慢慢倒入 50mL 水中，冷后加水稀释至 100mL。

五氧化二钒。

高锰酸钾溶液（50g/L）：配好后煮沸 10min，静置过夜，过滤，储于棕色瓶中。

盐酸羟胺溶液（200g/L）。

汞标准溶液（1mg/mL）：精密称取 0.1354g 于干燥器干燥过的二氯化汞，加 5mol/L 混合酸溶解后移入 100mL 容量瓶中，并稀释至刻度，混匀，备用。

汞标准使用液（0.1μg/mL）：吸取 1.0mL 汞标准溶液，置于 100mL 容量瓶中，加 5mol/L 混合酸稀释至刻度。再吸取此液 1.0mL，置于 100mL 容量瓶中，加 5mol/L 混合酸稀释至刻度。此溶液临用时现配。

3. 原料

水产品、蔬菜、水果。

四、操作方法

1. 样品消化

取水产品、蔬菜、水果的可食部分，洗净，晾干，切碎，混匀。取 2.50g 水产品或 10g 蔬菜、水果均样，置于 50～100mL 锥形瓶中，加 50mg 五氧化二钒粉末，再加 8mL 硝酸，振摇，放置 4h，加 5mL 硫酸，混匀，然后移至 140℃砂浴上加热，开始作用较猛烈，以后渐渐缓慢，待瓶口基本上无棕色气体逸出时，用少量水冲洗瓶口，再加热 5min，放冷，加 5mL 50mg/mL 高锰酸钾溶液，放置 4h，滴加 200mg/mL 盐酸羟胺溶液使紫色退去，振摇，放置数分钟，移入容量瓶中，并稀释至刻度。蔬菜、水果为 25mL，水产品为 100mL。

取与消化样品相同量的五氧化二钒、硝酸、硫酸按同一方法进行试剂空白试验。

2. 测定

吸取 10.0mL 样品消化液，置于汞蒸气发生器内，连接抽气装置，沿壁迅速加入 2mL 300mg/mL 氯化亚锡溶液，立即通入流速为 1.5L/min 的氮气或经活性炭化处理的空气，使汞蒸气经过氯化钙干燥管进入测汞仪中，读取测汞仪上的最大读数，同时做试剂空白试验。

另吸取 0.0mL、1.0mL、2.0mL、3.0mL、4.0mL、5.0mL 汞标准使用液，相当 0μg、0.1μg、0.2μg、0.3μg、0.4μg、0.5μg 汞，置于 6 个 50mL 容量瓶中，各加 1mL 硫酸（1＋1）、1mL 高锰酸钾溶液，加 20mL 水，混匀，滴加

200mg/mL 盐酸羟胺溶液使紫色退去，加水至刻度混匀，分别吸取 10.0mL 相当 0μg、0.02μg、0.04μg、0.06μg、0.08μg、0.10μg 汞，置于汞蒸气发生器内，连接抽气装置，沿壁迅速加入 2mL 300mg/mL 氯化亚锡溶液，立即通入流速为 1.5L/min 的氮气或经活性炭化处理的空气，使汞蒸气经过氯化钙干燥管进入测汞仪中，读取测汞仪上最大读数。绘制标准曲线。

五、计算

$$X_1 = \frac{(A_1 - A_2) \times 1000}{m_1 \times \dfrac{V_2}{V_1} \times 1000}$$

式中　X_1——样品中汞的含量，mg/kg；

A_1——测定用样品消化液中汞的含量，μg；

A_2——试剂空白液中汞的含量，μg；

m_1——样品质量，g；

V_1——样品消化液总体积，mL；

V_2——测定用样品消化液体积，mL。

六、注意事项

1. 冷原子吸收法测汞方法灵敏，要求试剂和仪器保持洁净，使用的水应为无汞离子水。

2. 盐酸羟胺还原高锰酸钾溶液时产生氯气，必须振摇后静置几分钟使氯气逸去，以防止干扰汞蒸气的测定。

3. 冷原子吸收测汞时常见的干扰是水汽，通常用无水氯化钙干燥管除去，应注意干燥管吸湿后对汞的吸附，使用时常检查和更换。

4. 汞除易挥发外，也易因器壁吸附而从溶液中消失。标准溶液配制加 5mol/L 混合酸可消除这种吸附。

5. 汞消化最常见的方法是回流消化法。因汞极易挥发，加热消化时必须装回流装置，操作要在通风橱中进行。用五氧化二钒消化法可以直接在锥形瓶中消解，测定大批样品时较回流法节省器材。

6. 消化过程中残留在消化液中的氮氧化物会产生吸收，严重干扰测定。消化完后加水继续加热回流 10min，可将残留的氮氧化物驱赶除去。样品中的蜡质、脂肪等不易消化物可以在冷却后滤去。色素不影响测定。

七、思考与讨论

1. 冷原子吸收法测汞的原理？

2. 测汞仪器的干扰因素有哪些？如何消除？

3. 汞的消化有什么特点？

实验四　总砷的测定

方法一　古蔡氏砷斑法

一、目的与要求

1. 掌握古蔡氏法测定砷含量的原理和方法。

2. 了解测定食品中砷含量的意义。

二、原理

在酸性条件下，用氯化亚锡将五价的砷还原为三价砷，再利用锌和酸反应产生新生原子态氢，而将三价砷还原为砷化氢。当砷化氢气体碰到溴化汞试纸时，根据不同的砷量而产生黄色至橙色的砷斑，斑点颜色的深浅与砷的含量成正比，可根据颜色的深浅比色定量。同时在测定的过程中用乙酸铅棉花除去生成的硫化氢气体，从而去除干扰。

反应式如下：

$$H_3AsO_4 + 2KI + 2HCl \Longrightarrow H_3AsO_3 + I_2 + 2KCl + H_2O$$

$$H_3AsO_4 + SnCl_2 + 2HCl \Longrightarrow H_3AsO_3 + SnCl_4 + H_2O$$

$$H_3AsO_3 + 3Zn + 6HCl \Longrightarrow AsH_3 \uparrow + 3ZnCl_2 + 3H_2O$$

$$AsH_3 + 3HgBr_2 \Longrightarrow As(HgBr)_3 + 3HBr$$

$$2As(HgBr)_3 + AsH_3 \Longrightarrow 3AsH(HgBr)_2（橙色）$$

$$3AsH(HgBr)_2 + AsH_3 \Longrightarrow 6HBr + 2As_2Hg_3（黄色）$$

三、仪器、试剂和原料

1. 仪器

古蔡氏砷斑法测定器。

2. 试剂

溴化汞-乙醇溶液（50g/L）：称取 5.0g 溴化汞，用无水乙醇溶解，稀释至 100mL。

溴化汞试纸：将滤纸剪成直径为 2cm 的圆片，浸泡于溴化汞-乙醇溶液中。使用前取出，使其自然干燥后备用。

酸性氯化亚锡溶液（400g/L）：称取 20g 氯化亚锡（$SnCl_2 \cdot 2H_2O$），溶于 12.5mL 浓盐酸中，用水稀释至 50mL。另加 2 颗金属锡粒于溶液中。

乙酸铅溶液（100g/L）：称取10g乙酸铅，用水溶解，稀释至100mL。

乙酸铅棉花：将脱脂棉浸泡于100g/L乙酸铅溶液中，1h后取出，并使之疏松，在100℃烘箱内干燥，取出置于玻璃瓶中，塞紧保存备用。

无砷锌粒。

盐酸溶液（1＋1）。

碘化钾溶液（150g/L）。

硝酸镁溶液（100g/L）。

氧化镁。

砷标准溶液（0.1mg/mL）：精确称取预先在100℃干燥2h的三氧化二砷0.1320g，溶于1mol/L氢氧化钠溶液10mL中，加1mol/L硫酸溶液10mL将此溶液仔细地移入1000mL容量瓶中，并用水稀释至刻度。

砷标准使用溶液（1μg/mL）：吸取砷标准溶液1.0mL，移入100mL容量瓶中，加1mol/L硫酸溶液1mL，用水稀释至刻度。使用时新配。

3. 原料

茶叶。

四、操作方法

1. 样品处理

准确称取磨碎的样品5g，置于瓷坩埚中，加入氧化镁粉1g、硝酸镁溶液10mL，在水浴上蒸干。小火炭化后，移入550℃高温炉中灰化至白色灰烬，冷却，加入10mL浓盐酸溶解残渣，然后用水移入100mL容量瓶中，并稀释至刻度，摇匀。同时做空白。

2. 样品分析

准备多只三角瓶，检查与砷斑法测定管配套的气密性。准确吸取样品溶液和空白溶液各20mL，分别移入三角瓶中。另准备一组三角瓶，分别加入含1μg/mL砷的标准溶液0.0mL、2.0mL、4.0mL、6.0mL、8.0mL、10.0mL。于各三角瓶中分别加入碘化钾溶液5mL、氯化亚锡溶液2mL，于样品和空白溶液中再加入浓盐酸13mL，于标准溶液中各加入浓盐酸15mL，并各加入水使总体积为45mL。放置10min后，加入锌粒5g，迅速装上已装有溴化汞试纸的测砷管。在25～30℃下避光放置45min。取出溴化汞试纸，将样品、空白和标准色斑目测比较，求出样品溶液中的含砷量。

五、计算

$$c = \frac{A}{W} \times 1000$$

式中　c——样品中的砷含量，mg/kg；

　　A——相当于砷的标准量，mg；

　　W——测定时样液相当于样品的质量，g。

六、注意事项

1. 吸取样品溶液的量可视样品中含砷量而定，最后总体积达 45mL 即可。

2. 样品色斑相当于砷的量应扣除空白液的色斑相当于砷的量。

3. 试剂空白只允许呈现极浅的淡黄色砷斑，一般不应显色。如空白显色，应找出原因。

4. 对试剂要求纯度高，必须是无砷锌粒，一级盐酸。同一批测定用的溴化汞试纸的纸质应保持一致。

5. 测砷管中装入乙酸铅棉花时，不要太紧和太松，使乙酸铅棉花能充分吸收硫化氢气体的干扰。

6. 加入锌粒时，要立即盖上一支预先准备好溴化汞试纸的测砷管，防止漏气。

7. 如样品中含有锑，也能够生成与砷斑类似的锑斑，锑能溶解在 80% 乙醇中，而砷斑不溶解。

七、思考与讨论

1. 为什么古蔡氏法测定砷含量是一种半定量方法。

2. 本实验的误差来源有哪些？

3. 如何去除样品中硫、磷、锑的干扰。

方法二　DDC-银盐法

一、目的与要求

1. 掌握银盐法测定砷含量的原理和方法。

2. 了解测定砷含量的意义。

二、原理

样品消化后，以碘化钾、氯化亚锡将高价砷还原为三价砷，然后与锌粒和酸产生的新生态氢生成砷化氢，经 DDC-银盐溶液吸收后，形成红色胶态物，与标准系列比较定量。

三、仪器、试剂和原料

1. 仪器

分光光度计、测砷装置（由 150mL 锥形瓶、塞乙酸铅棉花的导气管和 10mL 刻度离心管组成）。

2. 试剂

盐酸。

硫酸。

硝酸镁溶液（150g/L）：称取 15g 硝酸镁溶于水中，并稀释至 100mL。

氧化镁。

碘化钾溶液（150g/L）：称取 15g 碘化钾溶于水中，并稀释至 100mL，储存于棕色瓶中。

酸性氯化亚锡溶液（400g/L）：称取 40g 氯化亚锡，加盐酸溶解并稀释至 100mL，加入数粒金属锡粒。

无砷锌粒。

盐酸（1+1）：量取 50mL 浓盐酸加水稀释至 100mL。

乙酸铅溶液（100g/L）。

乙酸铅棉花：用乙酸铅溶液浸透脱脂棉后，取出沥干并使疏松，在 100℃以下干燥后，储存于玻璃瓶中。

氢氧化钠溶液（200g/L）。

二乙基二硫代氨基甲酸银-三乙醇胺-三氯甲烷溶液：称取 0.25g 二乙基二硫代氨基甲酸银置于乳钵中，加少量三氯甲烷研磨，移入 100mL 量筒中，加入 1.8mL 三乙醇胺，再用三氯甲烷分次洗涤乳钵，洗液一并移入量筒中，再用三氯甲烷稀释至 100mL，放置过夜。滤入棕色瓶中储存。

砷标准储备液（0.1mg/mL）：准确称取 0.1320g 在硫酸干燥器中干燥过的或在 100℃干燥 2h 的三氧化二砷，加 5mL 氢氧化钠溶液（200g/L），溶解后加 25mL 硫酸（6+94），移入 1000mL 容量瓶中，加新煮沸冷却的水稀释至刻度，储存于棕色玻塞瓶中。

砷标准使用液（1μg/mL）：吸取 1.0mL 砷标准储备液，置于 100mL 容量瓶中，加 1mL 硫酸（6+94），加水稀释至刻度，此溶液每毫升相当于 1.0μg 砷。

3. 原料

茶叶。

四、操作方法

1. 试样处理

称取 5.00g 磨碎的茶叶试样，置于坩埚中，加 1g 氧化镁及 10mL 硝酸镁溶液、混匀，浸泡 4h。置水浴锅上蒸干，用小火炭化至无烟后移入马弗炉中加热至550℃，灼烧3～4h，冷却后取出。加5mL水湿润后，用细玻棒搅拌，再用少量水洗下玻棒上附着的灰分至坩埚内。放水浴上蒸干后移入马弗炉550℃灰化2h，冷却后取出。加5mL水湿润灰分，再慢慢加入10mL盐酸溶液（1+1），然后将溶液移入50mL容量瓶中，坩埚用盐酸（1+1）洗涤3次，每次5mL，再用水洗涤3次，每次5mL，洗液均并入容量瓶中，再加水至刻度，混匀。

按同一操作方法做试剂空白试验。

2. 测定

吸取25mL样品消化后的定容溶液及同量的试剂空白液，分别置于150mL锥形瓶中，补加硫酸5mL，加水至50mL。

吸取0mL、2.0mL、4.0mL、6.0mL、8.0mL、10.0mL砷标准使用液（相当0μg、2.0μg、4.0μg、6.0μg、8.0μg、10.0μg砷），分别置于150mL锥形瓶中，加水至45mL，再加5mL硫酸。

在试样消化液、试剂空白液及砷标准溶液中，各加3mL碘化钾溶液、0.5mL酸性氯化亚锡溶液，混匀，静置15min。各加入3g锌粒，立即分别塞上装有乙酸铅棉花的导气管，并使管尖端插入盛有4mL银盐溶液的离心管中的液面下，在常温下反应45min后，取下离心管，加三氯甲烷补足5mL。用1cm比色杯，以零管调节零点，于波长520nm处，测试样消化液、试剂空白液及砷标准溶液吸光度，绘制标准曲线。从标准曲线中查得试样消化液、试剂空白液相对应的砷含量。

五、计算

$$X = \frac{(A_1 - A_2) \times 1000}{m \times \dfrac{V_2}{V_1} \times 1000}$$

式中　X——试样中砷的含量，mg/kg；

A_1——测定用试样消化液中砷的质量，μg；

A_2——试剂空白液中砷的质量，μg；

　m——试样质量，g；

V_1——试样消化液的总体积，mL；

V_2——测定用试样消化液的体积，mL。

计算结果保留两位有效数字。在重复性条件下获得的两次独立测定结果的绝对差值不得超过算术平均值的10%。

六、注意事项

1. 砷的反应吸收尽量控制在25℃左右进行。天热时测定，吸收管应放在冰水中，避免吸收液挥发。

2. 使用无砷锌粒时，最好加入蜂窝状颗粒较大的锌粒。如全部用细锌粒，反应太激烈。同批试验用同一规格的无砷锌粒。

3. 银盐吸收液必须澄清，避光保存。

4. 试样消化液中如有硝酸存在会影响反应和显色，必须赶尽硝酸。

5. 银盐吸收液中含有水分时，会产生混浊，故吸收管必须干燥。

6. 银盐吸收砷化氢后呈色在 150min 内稳定。

7. 测定时 1cm 比色杯用三氯甲烷清洗。

七、思考与讨论

1. 银盐吸收法与古蔡氏法测定砷比较有什么优点？有什么区别？

2. 银盐吸收法测定砷的误差来源有哪些？

实验五　石墨炉原子吸收光谱法测定铅

一、目的与要求

1. 掌握原子吸收光谱法测定铅含量的原理方法。

2. 了解测定铅含量的意义。

3. 掌握原子吸收分光光度计石墨炉的原理和使用方法。

二、原理

样品经酸消解后，注入原子吸收分光光度计石墨炉中，电热原子化后吸收 283.3nm 共振线，在一定浓度范围，其吸收值与铅含量成正比，与标准系列比较定量。

三、仪器、试剂和原料

1. 仪器

原子吸收分光光度计（附石墨炉及铅空心阴极灯）、压力消解罐。

所用玻璃仪器均需以硝酸（1+5）浸泡过夜，用水反复冲洗，最后用去离子水冲洗干净。

2. 试剂

分析过程中全部用水均使用去离子水（电阻在 $8 \times 10^5 \Omega$ 以上），所使用的化学试剂均为优级纯以上。

硝酸。

过氧化氢（30%）。

硝酸（1+1）：取 50mL 硝酸慢慢加入 50mL 水中。

硝酸（1mol/L）：取 6.4mL 硝酸加入 50mL 水中，稀释至 100mL。

磷酸铵溶液（20g/L）：称取 2.0g 磷酸铵，以水溶解稀释至 100mL。

铅标准储备液（1mg/mL）：准确称取 1.000g 金属铅（99.99%），分次加少量硝酸（1+1），加热溶解，总量不超过 37mL，移入 1000mL 容量瓶，加水至刻度，混匀。

铅标准使用液：吸取铅标准储备液 1.0mL 于 100mL 容量瓶中，加硝酸（1mol/L）至刻度。经多次稀释成 0μg/mL、10μg/mL、20μg/mL、40μg/mL、60μg/mL、80μg/mL 铅的标准使用液。

3. 原料

粮食、豆类。

四、操作方法

1. 样品预处理

粮食、豆类去杂物后，磨碎，过 20 目筛，储于塑料瓶中，保存备用。称取 1.00~2.00g 样品于聚四氟乙烯内罐，加硝酸 2~4mL 浸泡过夜。再加过氧化氢 2~3mL（总量不能超过罐容积的 1/3）。盖好内盖，旋紧不锈钢外套，放入恒温干燥箱，120~140℃保持 3~4h，在箱内自然冷却至室温，用滴管将消化液转移至 10~25mL 容量瓶中，用水少量多次洗涤罐，洗液合并于容量瓶中，加入磷酸铵溶液 2μL，并定容至刻度，混匀备用。同时做试剂空白。

2. 测定

将原子吸收分光光度计性能调至最佳状态。参考条件为波长 283.3nm；狭缝 0.2~1.0nm；灯电流 5~7mA；干燥温度 120℃，20s；灰化温度 450℃，持续 15~20s；原子化温度 1700~2300℃，持续 4~5s；背景校正为氘灯或塞曼效应。

吸取铅标准使用液 0μg/mL、10μg/mL、20μg/mL、40μg/mL、60μg/mL、80μg/mL 各 10μL，注入石墨炉，测得其吸收值，并求得吸收值与浓度关系的一元线性回归方程。

分别吸取样液和试剂空白液各 10μL，注入石墨炉，测得其吸收值，代入标准系列的线性回归方程中求得样液和试剂空白液中的铅含量。

五、计算

$$X = (c_1 - c_2)V/m$$

式中　X——样品中铅含量，mg/kg；

c_1——测定样液中铅含量，$\mu g/mL$；

c_2——空白液中铅含量，$\mu g/mL$；

V——样品消化液总体积，mL；

m——样品质量或体积，g。

结果的表述：报告算术平均值的 2 位有效数字，相对相差≤20％。

六、注意事项

基体改进剂的使用：对有干扰样品，则注入适量基体改进剂磷酸铵溶液可消除干扰。绘制铅标准曲线时也要加入与样品测定时等量的基体改进剂磷酸铵溶液。

七、思考与讨论

1. 加硝酸消解有什么优点？
2. 石墨炉原子吸收与火焰原子吸收相比有什么特点？

实验六　ELISA 试剂盒法检测食用油中黄曲霉毒素 B_1

一、目的与要求

1. 掌握酶联免疫方法检测黄曲霉毒素的基本原理。
2. 熟悉酶联免疫吸附测定（ELISA）试剂盒的构建过程。
3、掌握 ELISA 检测食用油中黄曲霉毒素 B_1 的具体操作过程。

二、原理

样品中的黄曲霉毒素 B_1（AFB_1）经提取、脱脂、浓缩后与定量特异性抗体反应，多余的游离抗体则与酶标板内的包被抗原结合，加入酶标记物和底物后显色，与标准比较来测定含量。

三、仪器、试剂和原料

1. 仪器

酶标仪（内置 490nm 滤光片）、酶标微孔板、电动振荡器、恒温水浴锅、微量加样器及配套吸头、恒温培养箱。

2. 试剂

抗黄曲霉毒素 B_1 抗体：由卫生部食品卫生监督检验所进行质量控制。

人工抗原：AFB_1-牛血清白蛋白（BSA）结合物。

黄曲霉毒素 B_1 标准溶液：用甲醇将黄曲霉毒素 B_1 配制成 1mg/mL 溶液，再用甲醇-磷酸盐缓冲液（PBS）（20＋80）稀释至约 $10\mu g/mL$，紫外分光光度计测此溶液最大吸收峰的光密度值，代入下式计算：

$$X = \frac{AMf \times 1000}{E}$$

式中 X——该溶液中黄曲霉毒素 B_1 的浓度，$\mu g/mL$；

　　 A——测得的光密度值；

　　 M——黄曲霉毒素 B_1 的相对分子质量，312；

　　 E——摩尔吸收系数，21800；

　　 f——使用仪器的校正因素。

根据计算将该溶液配制成 $10\mu g/mL$ 标准溶液，检测时，用甲醇-PBS 将该标准溶液稀释至所需浓度。

三氯甲烷。

甲醇。

石油醚。

牛血清白蛋白（BSA）。

邻苯二胺（OPD）。

辣根过氧化物酶（HRP）标记羊抗鼠 IgG。

碳酸钠。

碳酸氢钠。

磷酸二氢钾。

磷酸氢二钠。

氯化钠。

氯化钾。

过氧化氢（H_2O_2）。

硫酸。

ELISA 缓冲液。

包被缓冲液（pH9.6 的碳酸盐缓冲液）：Na_2CO_3 1.59g，$NaHCO_3$ 2.93g，加蒸馏水至 1000mL。

磷酸盐缓冲液（pH7.4，PBS）：KH_2PO_4 0.2g；$Na_2HPO_4 \cdot 12H_2O$ 2.9g；NaCl 8.0g；KCl 0.2g。

洗液（PBS-T）：PBS 加 0.05％（体积分数）吐温-20。

抗体稀释液：BSA 1.0g，加 PBS-T 至 1000mL。

底物缓冲液：A 液（0.1mol/L 柠檬酸水溶液）——柠檬酸（$C_6H_8O_7 \cdot H_2O$）21.01g，加蒸馏水至 1000mL；B 液（0.2mol/L 磷酸氢二钠水溶液）——

Na$_2$HPO$_4$·12H$_2$O 71.6g，加蒸馏水至1000mL。用前按A液＋B液＋蒸馏水为24.3＋25.7＋50的比例（体积比）配制。

封闭液：同抗体稀释液。

3. 原料

食用油。

四、操作方法

方法参考国标GB/T 5009.22，黄曲霉毒素检测第二法。

1. 取样提取

将样品油混合均匀，用小烧杯称取4.0g试样，用20mL石油醚将试样转移到125mL分液漏斗中，用20mL甲醇-水（55＋45）溶液分次洗烧杯，溶液一并移于分液漏斗中，振摇2min。静置分层后，放出下层甲醇-水溶液于75mL表面皿中，再用5.0mL甲醇-水（55＋45）溶液重复振摇提取一次，提取液一并加入表面皿中，65℃水浴通风挥干。用2.0mL20％甲醇-PBS分三次（0.8mL、0.7mL、0.5mL）溶解并转移到小试管，加盖震荡后静置待测。

2. 采用间接竞争性酶联免疫吸附测定（ELISA）

（1）包被微孔板：用AFB$_1$-BSA人工抗原包被酶标板，150μL/孔，4℃过夜。

（2）抗体抗原反应：将黄曲霉毒素B$_1$纯化单克隆抗体稀释倍后，分别进行下述操作。

a. 与等量不同浓度的黄曲霉毒素B$_1$标准溶液用2mL试管混合振荡后，4℃静置。此液用于制作黄曲霉毒素B$_1$标准抑制曲线。

b. 与等量样品提取液用2mL试管混合振荡后，4℃静置。此液用于测定样品中黄曲霉毒素B$_1$含量。

（3）封闭：已包被的酶标板用洗液洗3次，每次3min后，加封闭液封闭，250μL/孔，置37℃下1h。

3. 测定

酶标板洗3×3min后，加抗体抗原反应液（在酶标板的适当孔位加抗体稀释液或小鼠骨髓瘤细胞Sp2/0培养上清液作为阴性对照）130μL/孔，37℃，2h。酶标板洗3×3min，加酶标二抗（1：200，体积比）100μL/孔，1h。酶标板用洗液洗5×3min。加底物溶液（10mg OPD），加25mL底物缓冲液，加37μL 30％ H$_2$O$_2$，100μL/孔，37℃，15min。然后加2mol/L H$_2$SO$_4$，40μL/孔，以终止显色反应，酶标仪490nm测出OD值。

五、计算

$$黄曲霉毒素 B_1 浓度 （ng/g）=C×\frac{V_1}{V_2}×D×\frac{1}{m}$$

式中　C——黄曲霉毒素 B_1 含量，对应标准曲线按数值插入法求得，ng；

　　V_1——样品提取液的体积，mL；

　　V_2——滴加样液的体积，mL；

　　D——稀释倍数；

　　m——样品质量，g。

由于按标准曲线直接求得的黄曲霉毒素 B_1 浓度（c）的单位为 ng/mL，而测孔中加入的样品提取的体积为 0.065mL，所以式中 $C=0.065\text{mL}\times c$。

而 $V_1=2\text{mL}$，$V_2=0.065\text{mL}$，$D=2$，$m=4\text{g}$，代入公式，则

黄曲霉毒素 B_1 浓度（ng/g）$=0.065\times c\times\dfrac{2}{0.065}\times 2\times\dfrac{1}{4}=c$

所以，在对样品提取完全按本方法进行时，从标准曲线直接求得的数值 c，即为所测样品中黄曲霉毒素 B_1 的浓度（ng/g）。

六、注意事项

1. 每次试验时尽量使用新配制的洗涤液。
2. 洗涤要迅速，洗涤液不可溢出，防止交叉污染。
3. 整个加样过程要快，保证反应时间一致。
4. 加样后要轻轻振荡，使反应液混匀。
5. 凡接触过 AFB1 的器皿都要用 5％的次氯酸钠浸泡半天。

七、思考与讨论

1. 与其他检测方法相比，ELISA 有何优缺点？
2. 本实验的误差主要来源于哪些方面，如何避免？

第五章　其他质量指标测定

实验一　旋光法测定味精含量

一、目的与要求

1. 掌握旋光法测定味精含量的原理和方法。
2. 掌握 WXG-4 小型旋光仪的操作方法与校正。

二、原理

谷氨酸钠分子结构中含有一个不对称碳原子，具有光学活性，能使偏振光面旋转一定角度。所以，可用旋光仪测定其旋光度，根据旋光度换算成谷氨酸钠的含量。

三、实验仪器、试剂和原料

1. 仪器

WXG-4 小型旋光仪。

2. 试剂

盐酸溶液（6mol/L）。

3. 原料

味精。

四、操作方法

称取 5.0g（精确至 0.0001g）充分混匀的味精试样于烧杯中，加 20～30mL 水溶解，移入 50mL 容量瓶中，加盐酸（6mol/L）16mL，混匀，待冷却至 20℃，加水至刻度，摇匀。

将试液置于 2dm 旋光管中，测其旋光度，同时测旋光管中试液温度，如温度低于或高于 20℃，则需校正后测定。

五、计算

1. 测定温度为 20℃时

$$X=\frac{d_{20}\times50\times187.13}{5\times2\times32\times147.13}\times100$$

式中 X——试样中谷氨酸钠的含量（含 1 分子结晶水），g/100g；

d_{20}——20℃时观察所得的旋光度；

32——纯谷氨酸钠 20℃时的比旋光度，旋光度/(dm·g/mL)；

187.13——谷氨酸钠含 1 分子结晶水的相对分子质量；

147.13——谷氨酸的相对分子质量；

50——味精样品定容的体积，mL；

5——称取的味精样品的质量，g；

2——旋光管长度，dm。

2. 测定温度不在 20℃时

如测定温度不在 20℃时，测定应加以校正，谷氨酸校正值为 0.060。

（1）t℃时纯谷氨酸的比旋光度按下式计算：

$$\{d_t\}=[32+0.06(20-t)]\times147.3/187.13$$
$$=25.16+0.047(20-t)$$

（2）试样中谷氨酸钠的含量（含 1 分子结晶水）按下式进行计算：

$$X_c=\frac{d_t\times50\times1000}{5\times2\times[25.16+0.047(20-t)]}$$

式中 X_c——试样中谷氨酸钠的含量（含 1 分子结晶水），g/100g；

d_t——t℃时观察所得的旋光度；

t——测定时温度，℃。

计算结果保留三位有效数字。在重复条件下获得的两次独立测定结果的绝对差值不得超过算术平均值的 10%。

六、注意事项

1. 在实际工作中旋光法操作简便、快捷，数据稳定，相对标准偏差很小，不失为首选的方法。但是，根据文献报道，如果产品中掺有蔗糖，会干扰和影响旋光法对谷氨酸钠含量的测定。因为蔗糖和谷氨酸钠一样具有旋光性，随着蔗糖含量的提高，其旋光度的绝对值也按一定比例随之提高。

2. 如果味精无法达到一定纯度，就无法用旋光法正确地测定味精中谷氨酸钠的含量。

七、思考与讨论

1. 配制样品时为何要加盐酸（6mol/L）？

2. 旋光法测定样品的纯度，零点校正的方法有几种？怎样校正？

实验二　离心法测定乳脂肪

一、目的与要求

1. 掌握离心法测定乳脂肪的测定方法和原理。
2. 熟练掌握巴布科克乳脂瓶和离心机的使用方法。

二、原理

牛乳与硫酸按一定比例混合之后，使酪蛋白脂肪球溶解，牛乳脂肪球不能维持分散的乳胶状态。由于硫酸作用产生的热量，促使脂肪层上升到液体上部，经过离心之后，则脂肪集中在巴氏乳脂瓶瓶颈处，直接读取乳脂瓶中脂肪层高度即为乳脂肪的百分数。

三、仪器、试剂和原料

1. 实验仪器

巴氏离心机、巴布科克乳脂瓶、17.6mL 牛乳吸管、水浴锅。

2. 试剂

硫酸（相对密度 1.84，分析纯）。

3. 原料

鲜牛乳。

四、操作方法

（1）用牛乳吸管精确移取 20℃牛乳 17.6mL，注入巴氏乳脂瓶中。

（2）用量筒取 15mL 浓硫酸，小心沿瓶颈缓缓倒入乳脂瓶中，边加硫酸边慢慢转动瓶颈，使酸消化蛋白质以游离出脂肪。

（3）将乳脂瓶放入离心机中，以 1000r/min 离心 5min。

（4）乳脂瓶从离心机取出后，向瓶中加 80℃热水，至分离的脂肪层在瓶颈部，再将乳脂瓶放入离心机中，以同样的转速旋转 2min，取出，补加 80℃热水至分离的脂肪层在瓶颈上部刻度（2～6）中间，再将乳脂瓶放入离心机中，以 1000r/min 离心 1min，置 60℃水浴保温 5min，立即读数，精确至 0.05％。

五、计算

实验所读取数值即为脂肪的百分数。

六、注意事项

1. 此法是测定乳制品中脂肪含量最常用的方法，时间约为 45min，平行实验误差在 0.1% 之内。

2. 硫酸加入牛乳后底层形成分层，应迅速摇动乳脂瓶，使牛乳和硫酸充分混合，即成棕黑色，继续摇动 2～3min；硫酸破坏牛乳脂肪球是否完全，是本实验成败的关键。

3. 硫酸加入牛乳后巴氏乳脂瓶会发热，应抓住瓶颈部操作，注意安全。

4. 巴氏乳脂瓶放入离心机前需要称量，尽可能对称平衡放置。

七、思考与讨论

1. 此法是否可测定乳制品中磷脂含量？是否可测定巧克力、糖等食品中脂肪含量？

2. 实验中加入硫酸的主要作用？

3. 实验中加热的目的和作用？

4. 牛乳脂肪和牛乳的相对密度分别是 0.9 和 1.032，牛乳中脂肪的体积百分含量为 3.55%，试计算牛乳中脂肪的质量百分含量。

实验三　总酸度的测定

一、目的与要求

1. 熟练掌握食品中总酸度滴定法测定的方法。
2. 基本掌握 pH 计的使用方法。

二、原理

用标准碱液滴定食品中的有机弱酸时，有机弱酸被中和生成盐类。采用 pH 计显示滴定终点。根据所消耗的标准碱液的浓度和体积，计算出样品中酸的含量。

三、仪器、试剂和原料

1. 仪器

pH 计、磁力搅拌器、碱式滴定管。

2. 试剂

NaOH 标准溶液（0.1mol/L，需临时标定）。

pH 6.86 和 pH 9.18 标准缓冲溶液。

3. 原料

酱油、醋。

四、操作方法

1. 氢氧化钠标准溶液的配制与标定

（1）配制　氢氧化钠饱和溶液：称取 120g 氢氧化钠，加 100mL 水，振摇使之溶解成饱和溶液，冷却后置于聚乙烯塑料瓶中，密塞，放置数日，澄清后备用。

氢氧化钠标准溶液 $[c(NaOH)＝0.1\,mol/L]$：吸取 5.6mL 澄清的氢氧化钠饱和溶液，加适量新煮沸的冷水至 1000mL，摇匀。

酚酞指示剂：称取酚酞 1g 溶于适量乙醇中，再稀释至 100mL。

（2）标定　准确称取约 0.6g 在 105～110℃ 干燥至恒重的基准邻苯二甲酸氢钾，加 30mL 新煮沸过的冷水，使之尽量溶解，加 2 滴酚酞指示剂，用 0.1mol/L 的氢氧化钠标准溶液滴定至溶液呈粉红色，0.5min 不退色。平行试验三次，并做试剂空白。

（3）计算

$$c＝\frac{m}{(V_1-V_2)\times0.2042}$$

式中　c——氢氧化钠标准滴定溶液的实际浓度，mol/L；

　　　m——基准邻苯二甲酸氢钾的质量，g；

　　　V_1——氢氧化钠标准溶液的用量，mL；

　　　V_2——空白试验中氢氧化钠标准溶液的用量，mL；

　0.2042——$KHC_8H_4O_4$ 的毫摩尔质量，g/mmol。

（4）注意事项

① 为使标定的浓度准确，标定后应用相应浓度盐酸对标。

② 溶液有效期一个月。

2. pH 计预热与校正

将 pH 计接通电源，预热 30min，用 pH6.86 和 pH9.18 标准缓冲溶液校正电极并将仪器定位。

3. 滴定

准确称取 3.0g 混匀样品于 100mL 烧杯中，加 20mL 无二氧化碳的去离子水待用。

将烧杯置于磁力搅拌器上，电极插入烧杯内试样中适当位置，开动磁力搅拌器，pH 计显示其 pH 值。用 0.1mol/L NaOH 标准溶液滴定至 pH8.2，记录消耗 0.1mol/L NaOH 标准溶液的体积。

4. 空白实验

用 20mL 水代替试液，重复上述步骤，记录消耗 0.1mol/L NaOH 标准溶液的体积。

五、计算

$$X = \frac{c(V_1 - V_2)KF}{m} \times 100$$

式中　X——总酸度，g/100g；

c——NaOH 标准溶液的浓度，mol/L；

V_1——滴定试液时消耗 NaOH 标准溶液的体积，L；

V_2——空白实验时消耗 NaOH 标准溶液的体积，L；

m——样品的质量，g；

F——稀释倍数；

K——换算成适当酸的系数，其中，苹果酸为 0.067g/mol、乙酸为 0.060g/mol、酒石酸为 0.075g/mol、乳酸为 0.090g/mol、柠檬酸（含 1 分子水）为 0.070g/mol、盐酸为 0.036g/mol、磷酸为 0.049g/mol，本实验选乙酸，为 0.060g/mol。

六、注意事项

1. 滴定法中最常用于测定酸度的标准碱为氢氧化钠。试剂级氢氧化钠很易潮解，且经常含有一定量不可溶解的碳酸钠，因此，NaOH 标准溶液必须用标准的酸进行标定。

2. NaOH 工作液通常用 0.5g/mL NaOH 溶液稀释配制。碳酸钠基本上不溶于碱液，并且储存 10 天以上会逐渐产生沉淀。

3. 滴定的烧杯，可用磁力搅拌，也可以用手摇晃混合样品，但要注意保护电极。滴定速度要慢而均匀直到接近终点，最后以滴状加入，直至滴定到终点。

4. 对颜色较深的样品，宜用 pH 计显示终点。对颜色较浅的样品，也可使用酚酞作指示剂显示终点，放置 30s 不退色为止。

5. 同一样品，两次测定结果之差，不得超过两次测定平均值的 2%。

七、思考与讨论

1. 滴定法使用酚酞作指示剂测定一个加热沸腾后和一个没有加热的澄清二氧化碳饮料，哪一个样品有较高的滴定度？为什么？

2. 邻苯二甲酸氢钾为何可作为标定标准氢氧化钠溶液的基准物？

实验四 甲醛法测定酱油中氨基态氮含量

一、目的与要求

1. 熟练掌握甲醛法测定酱油中氨基态氮含量的原理和方法。
2. 基本掌握 pH 计的使用方法。

二、原理

氨基酸具有酸性的—COOH 和碱性的—NH_2，它们相互作用而使氨基酸成为中性。加入甲醛溶液时，—NH_2 与甲醛结合从而使氨基酸碱性消失，使羧基显示出酸性，可用标准强碱溶液滴定。根据标准碱液的消耗量，间接计算出氨基态氮的含量。

三、仪器、试剂和原料

1. 仪器

酸度计（pH 计）、磁力搅拌器等。

2. 试剂

36％中性甲醛溶液：用 pH 计作指示，用氢氧化钠溶液将甲醛调成中性。

0.05mol/L NaOH 标准滴定溶液：用测定总酸度的方法配制并标定。

pH 6.86 的标准缓冲溶液。

3. 原料

酱油。

四、操作方法

1. 校正酸度计

将酸度计接通电源，预热 30min，用水冲洗电极后用滤纸吸干，用 pH6.86 的标准缓冲溶液定位酸度计。再用水冲洗电极待测定。

2. 样品处理

吸取酱油 10.0mL 到 100mL 容量瓶中，定容，置于 100mL 烧杯中吸取 25.0mL 稀释液待测试用。

3. 测定

将上述烧杯置于电磁搅拌器上，电极插入烧杯内试样中适当位置。开动电磁搅拌器，用 0.05mol/L 氢氧化钠溶液慢慢滴定至 pH8.2，并保持 1min 不变。加入 10mL 甲醛溶液，混匀 1min 后。用 0.05mol/L 氢氧化钠标准滴定溶液滴定至 pH9.2，记录消耗 0.05mol/L 氢氧化钠标准滴定溶液的体积。同时取 25mL 水，重复以上操作，记录消耗 0.05mol/L 氢氧化钠标准滴定溶液的体积作为空白。

五、计算

$$X = \frac{(V_1 - V_2)cK \times 14}{V} \times 100$$

式中 X——每 100mL 试样中氨基态氮的质量，mg/100mL；

  c——氢氧化钠标准滴定溶液的浓度，mol/L；

  V_1——试样加入甲醛溶液后，滴定消耗氢氧化钠标准溶液的体积，mL；

  V_2——空白试剂加入甲醛溶液后，滴定消耗氢氧化钠标准溶液的体积，mL；

  V——样品的体积，mL；

  K——稀释倍数；

  14——1mL 1mol/L 氢氧化钠标准滴定溶液相当于氮的质量，mg/mmol。

同一样品以两次测定结果的算术平均值作为结果，精确到小数点后第一位。两次测定结果之差：氨基态氮 ≥10mg/100mL 时，不得大于 2%；氨基态氮 < 10mg/100mL 时，不得大于 5%。

六、注意事项

1. 标准氢氧化钠溶液应在使用前标定，并在密闭瓶中保存，不可使用隔日储在微量滴定管中的剩余氢氧化钠。

2. 36% 甲醛溶液不应含有聚合物，宜新鲜领用。

3. 第一次滴定为除去其他游离酸，所消耗的 NaOH 溶液体积可用于计算总酸度，不用于结果计算；第二次滴定为测定氨基酸含量步骤，记录消耗 NaOH 溶液体积进行结果计算。

4. 测定氨基态氮时必须注意铵盐的影响，它会使结果偏高。

5. 如样品中仅含某一种已知氨基酸，由甲醛滴定的结果即可算出该氨基酸的量，如样品是多种氨基酸的混合物（如蛋白质水解液），则滴定结果不能作氨基酸的定量依据。此外，脯氨酸与甲醛作用后，生成不稳定化合物，致使滴定结果偏低；酪氨酸的酚基结构，又可使滴定结果偏高。

七、思考与讨论

1. 氨基态氮测定过程中为什么要加入甲醛？

2. 用甲醛法测定的结果能否作为氨基酸定量的依据？为什么？

实验五 A_w 测定仪法测定水分活度

一、目的与要求

1. 学习水分活度值的测定意义和原理。
2. 掌握 A_w 测定仪法的基本操作技术及注意事项。

二、原理

在一定的温度下，用标准饱和溶液校正 A_w 测定仪的 A_w 值，在同一条件下测定样品，利用测定仪上的传感器，根据食品中蒸汽压力的变化，从仪器上的表头上读出指示的水分活度。

三、仪器、试剂和原料

1. 仪器
A_w 测定仪、20℃恒温箱。
2. 试剂
氯化钡饱和液。
3. 原料
面包、蛋糕。

四、操作方法

1. 仪器校正
用小镊子将 2 张滤纸浸在 $BaCl_2$ 饱和溶液中，待滤纸均匀浸湿后，轻轻地把它放在仪器的样品盒内，然后将具有传感器装置的表头放在样品盒上，小心拧紧，移至 20℃恒温箱中，维持恒温 3h 后，再将表头上的校正螺丝拧动使 A_w 值为 9.000。重复上述过程再校正一次。

2. 样品测定
将面包、蛋糕粉碎，取经 15～25℃恒温后的试样 1g 左右，置于仪器样品盒内，保持表面平整而不高于盒内垫圈底部。然后将具有传感器装置的表头置于样品盒上（切勿使表头粘上样品）轻轻地拧紧，移至 20℃恒温箱中，保持恒温放置 2h 以后，不断从仪器表头上观察仪器指针的变化状况，待指针恒定不变时，所指示数值即为此温度下试样的 A_w 值。如果试验条件不在 20℃恒温测定时，可根据表 5-1 所列的 A_w 校正值将其校正为 20℃时的数值。

表 5-1 A_w 值的温度校正表

温度/℃	校正值	温度/℃	校正值
15	−0.010	21	+0.002
16	−0.008	22	+0.004
17	−0.006	23	+0.006
18	−0.004	24	+0.008
19	−0.002	25	+0.010

3. 温度的校正

温度的校正方法如下：如在 15℃ 时测得某样品的 $A_w = 0.930$，查 A_w 值的温度校正表，表中 15℃ 时校正值为 −0.010，故样品在 20℃ 时的 $A_w = 0.930 + (−0.010) = 0.920$；反之，在 25℃ 某样品 $A_w = 0.934$，查表其校正值为 +0.010，故该样品在 20℃ 时的 $A_w = 0.940 + (+0.010) = 0.950$。

五、注意事项

1. 取样时，对于果蔬类样品应迅速捣碎或按比例取汤汁与固形物，肉和鱼等样品需适当切细。

2. 所用的玻璃器皿应该清洁干燥，否则会影响测量结果。

3. 仪器在常规测量时一般 0.5 天校准一次。当要求测量结果准确度较高时，则每次测量前必须进行校正。

4. 测量头为贵重的精密器件，在测定时，必须轻拿轻放，切勿使表头直接接触样品和水；若不小心接触了液体，需蒸发干燥进行校准后才能使用。

六、思考与讨论

1. 请阐述水分活度值的概念以及它在食品工业生产中的重要意义。

2. 比较 A_w 测定仪法及扩散法两种方法测定水分活度值，各有什么优缺点？

参 考 文 献

[1] 中华人民共和国国家标准．食品卫生检验方法 理化部分．北京：中国标准出版社，2008．

[2] 黄伟坤编著．食品检验与分析．北京：中国轻工业出版社，1997．

[3] 许牡丹，毛跟年编著．食品安全性与分析检测．北京：化学工业出版社，2003．

[4] ［美］Nielsen S Suzanne 著．食品分析．杨严俊等译．北京：中国轻工业出版社，2002．

[5] 王叔淳编著．食品卫生检验技术．北京：化学工业出版社，1988．

[6] 江南大学食品分析实验讲义．

[7] 郑州轻工业学院食品分析实验讲义．

[8] 中国药科大学食品分析实验讲义．

[9] 西北农林大学食品分析实验讲义．